KB138295

과학이라는 헛소리 2

과학이라는 헛소리
2

세상을 홀린 사기극, 유사과학

박재용 지음

MID

여는 글

전작 『과학이라는 헛소리』가 독자와 관계자분들께 과분한 관심과 격려를 받았습니다. '2018년 하반기 세종도서', '아시아태평양이론물리센터 올해의 과학책' 및 '과학창의재단 우수과학도서'로 선정이 되었고, 1년 사이 몇 쇄를 더 찍었습니다. 많은 곳에서 강연 요청이 들어오기도 했지요. 이어 출판사로부터 후속작을 쓰자는 제의를 받았습니다.

유사과학을 주제로 글을 쓰면서, 그리고 강연을 하면서 가장 강조했던 것은 '유사과학은 우리가 과학을 잘 모르기 때문에 퍼지는 것이 아니라, 누군가가 자신의 욕망을 실현하기 위해 고의로 퍼트리는 것이다'라는 점이었습니다. 하지만 모든 책임이 유사과학을 고의로 퍼트리는 이들에게만 있는 것은 아니지요. 이들의 유사과학을 비판하고, 숨겨진 욕망을 파헤쳐 드러내는 일은 사회적으로 의미 있는 일이며 동시에 전문가 집단에게는 의무이기도 합니다.

후속작은 의당 이런 의미를 담아야 한다고 생각했습니다. 그러면서도 좀 더 사회적인 의미를 가진 주제를 다뤄 보고자 했습니다. 그 시작은 발걸음을 조금 가볍게 해 보자는 의미에서 다이어트와 관련한 유사과학 이야기로 시작해 보고자 합니다. 다이어트는 현대 사회의 욕망이 적나라하게 드러나는 부분이기도 하고, 그래서 욕망의 유사과학이 넘실대는 지점이기도 하지요.

과학과 맞닿아 있는 영역 중 아직은 다루기 조심스러운 부분들이 있습니다. 이전의 『과학이라는 헛소리』가 받은 과분한 칭찬과 격려가 저에게 부여한 책임감이기도 하고, 우리 삶의 아주 중요한 지점을 파고드는 위험한 유사과학이 존재하는 곳이기도 합니다. 프레온가스, 한의학, GMO, 비료와 농약, 천연섬유와 화학섬유 문제 등이지요. 좀 더 다양한 영역을 다루고자 했지만 분량 상 다루지 못한 부분들도 있습니다. 플라스틱 문제라든가 핸드메이드와 공장제 제품의 문제, 재생 가능 에너지 등이 그것입니다. 기회가 된다면 다음 책에서 이 부분을 다뤄볼 수 있을 것입니다.

다음은 우리 사회에 퍼져 있는 혐오와 배제에 대한 이야기입니다. 왼손잡이와 색맹, 동성애부터 지적장애까지, 비교적 넓은 영역을 돌아보고자 했습니다. 혐오는 자신으로부터 타인을 배제시키는 것에서 시작된다고 생각합니다. 여기에 때로는 과학적 사실이나 통계가 배제의 근거로 유통되기도 하지요. 그래서 소수자들에 대해 퍼져 있는 '과학적으로' 잘못된 우리 사회의 선입견들을 바로잡는 것 또한 의미가 있겠다고 생각했습니다. 그 부분을 다룬 것이 이 책의 '당신은 ′정상′인가요?와 나는 ′정상′인가요?' 편 입니다.

또 과학은 '비정치적'이라는 말 또한 수긍할 수 없었습니다. 과학적 발견은 거의 대부분 사회와의 상호작용 가운데 이루어지며, 발견된 사실 또한 다양한 목적 아래 사회적으로 퍼져나갑니다. 과학이 정치적 이데올로기로 악용되는 측면 그리고 과학의 윤리, 과학자의 윤리에 대해 다시 한번 생각해 보는 것 또한 필요한 일이었지요. 이 부분은 '지배를 위한 이데올로기가 되다'에서 다루어 보았습니다.

마찬가지로 유사과학을 다루면서 과학계와 학계에서 발생하는 문제를 내버려 두고 갈 수 없었습니다. 과학자 사회의 어두운 면, 개선되어야 할 면, 흔한 말로 '흑역사'라 일컬어지는 일들을 꺼내놓는 것 또한 이 책의 의무 중 하나가 아닐까요. 잘못된 데이터나 선입견, 혹은 자신의 욕망을 가지고 '틀린' 결론을 맞는 것인 양 내놓은 과학자들에 대한 이야기도 다루었습니다. '자격을 잃은 과학자'가 이를 다룬 부분입니다.

전반적으로 전작 『과학이라는 헛소리』보다 조금 무거운 주제들입니다만 나름 최대한 평이하게, 그리고 친구들끼리 이야기하듯이 여러분과 나누려 노력했습니다. 우선 독자 여러분께 감사드립니다. 그리고 여러 자료를 열심히 찾아 준 정기영 씨와, 벌써 6년째 인연을 맺고 있는 MID 출판사, 마지막으로 항상 힘이 되어 준 가족에게도 감사의 뜻을 전합니다.

Trust Scientific Facts

Not Alternative Facts

2019년 9월

박재용

1장

쉬운 다이어트란 없다

물만 먹어도 살이 찐다는 당신에게

21세기의 소위 '선진국'에서 가장 많은 사람이 가장 오랜 기간 동안 관심을 가지고 있는 주제는 다이어트가 아닐까 싶습니다. 올바른 식단과 꾸준한 운동으로 건강하고 탄탄한 몸을 가꿀 수 있다는 것은 모두가 아는 사실이지만, 실제로 그렇게 생활하기란 쉽지 않지요. 그러다 보니 좀 더 쉽게 관리를 할 방법이 어디 없나 찾게 됩니다. 그리고 우리의 이런 마음을 겨냥한 상품들이 만들어집니다.

혹 체질 문제는 아닐까 생각하는 사람도 있습니다. "물만 먹어도 살이 쪄요"라는 하소연을 하는 분들이 대표적이지요. 하지만 모두가 알다시피 물은 아무리 많이 먹어도 몸에서 지방으로 변하지 않습니다. 일시적으로 체액의 농도가 불균형해지고 화장실에 자주 가고 싶어질 뿐입니다. 물론 사람마다 체질 차이가 있을 수는 있습니다만, 실제로 살이 찌거나 잘 빠지지 않는 것은 체질 차이만의 문제가 아니라는 점을 알아야 합니다.

건강에 대해 이야기를 할 때마다 '기초대사량'이라는 단어를 마주치게 되곤 합니다. 기초대사량이란 아무 일도 하지 않고 가만히 누워만 있어도 생명을 유지하기 위해 소모하는 에너지를 말합니다. 키가 크고 체중이 많이 나가면 그렇지 않은 사람보다 에너지를 많이 소모합니다. 그리고 같은 키와 체중이라면 근육이 많은 사람이 지방이 많은 사람보다 기초대사량이 높지요. 그래서 평균적으로는 남자가 여자보다 조금 더 높고요. 체질에 따라서 다양한 양상을 띱니다. 갑상선호르몬의 농도가 높으면 물질대사가 활발해져 칼로리 소모가 커지고, 가임기 여성들에게 자주 분비되는 에스트로겐의 경우 반대로 지방 축적을 도와줍니다. 이런 호르몬의 농도도 개인별로 차이가 있지요. 기초대사량이 높으면 당연히 같은 칼로리의 음식을 먹어도 에너지 소모가 더 많으니 살이 덜 찝니다.

하지만 살을 뺄 계획이라면 기초대사량만 따질 것은 아닙니다. 우리에겐 활동대사량이 있습니다. 요즘은 휴대폰 앱으로도,

스마트밴드로도 이를 확인할 수 있습니다. 걷거나 자전거를 타는 등 운동에 따라 소비되는 칼로리가 나타납니다. 많이 움직이면 당연히 에너지가 많이 소모되고 그만큼 지방을 더 태웁니다. 더군다나 체중이 많이 나가는 사람이 같은 운동을 하면 소모량이 더 많습니다. 다행이지요. 그런데 본격적으로 하는 운동뿐만 아니라 우리가 일상에서 하는 일도 칼로리를 소모합니다. 가만히 서 있기만 해도 앉아있는 것보다 더 많은 칼로리를 소모하고, 움직일수록 소모량은 당연히 늘어납니다.

따라서 체질적으로 살이 잘 찐다고 생각하시는 분은 먼저 생활습관을 돌아보는 것이 좋습니다. 밥을 먹고 그릇을 싱크대에 올려놓기만 하는지, 아니면 먹은 즉시 설거지를 하는지에 따라 칼로리 소모량이 달라집니다. 한 달쯤 몰아뒀다가 청소를 하는 사람과 매일 청소를 하는 사람의 칼로리 소모량도 당연히 차이가 나지요. 빨래도 자주 하고, 널 때도 팍팍 털어서 널면 칼로리 소모는 늡니다. 이런 모든 상황을 체크하고도 살이 찐다면 그때 체질을 고민해도 늦지 않습니다.

물론 같은 양의 식사를 하더라도 그 흡수율이 다르기도 합니다. 우리가 체크하는 칼로리라는 것이 결국 음식에 포함된 단백질, 탄수화물, 지방의 질량을 따져서 계산하는 것인데, 음식을 먹었다고 해서 모두 흡수가 되는 것은 아닙니다. 소화효소의 분비량도 개인에 따라 다르고, 소장의 운동도 개인별 차이가 있습니다. 당연히 흡수율도 다르겠지요. 소화능력과 흡수율이 높은 것은 19세기까지만 해도 생존율을 높이고 번식률을 높이는 경쟁력이었습니다만 영양 과다인 현실에선 오히려 살이 찌기 쉬운 체질이 될 뿐이지요.

그러나 이 경우도 위장에 손을 얹고 생각해 봐야 합니다. 정말 내가 먹는 음식의 칼로리가 그렇게 낮은 것인지. 혹시나 출출할 때 컵라면을 하나 먹지는 않았는지, 아메리카노를 받아오면서 시럽을 뿌리진 않았는지, 옆 친구가 권하는 과자를 아무 생각 없이 먹진 않았는지 말이지요. 주식에만 칼로리가 있고 주전부리엔 칼로리가 없는 양 생각하고 행동하는 것이 오히려 문제가 됩니다. 우리 자신도 모르는 사이에 흡수되는 에너지가 생각보다 많습니다. 실제로 살이 찌는 것은 개인이 가진 체질의 문제보다는 식습관과 생활습관의 문제인 경우가 더 많습니다.

앞에서도 말했지만, 우리가 이것을 몰라서 살이 찌는 것은 아닙니다. 모두 알고 있는 사실이지만, 건강한 생활습관을 유지하기에는 주변에 너무나 많은 유혹이 있기 때문에 그렇게 하기가 쉽지 않을 뿐이지요. 누군들 시럽을 뿌린 아메리카노가 살을 찌게 한다는 것을 모를까요? 많이 움직이면 살이 더 빠지는 것은 당연합니다. 다만 쓴 커피보다는 달콤한 커피가 더 맛있고, 많이 움직이는 것보다는 누워서 편히 쉬는 것이 더 좋다 보니 살이 찌게 되는 겁니다.

하지만 이렇게 맛있는 것만 먹고, 편하게 생활하면서도 살을 뺄 수 있다면? 식습관 조절이나 운동 등의 활동을 최소한으로 하면서도 최대의 효과를 볼 수 있다면? 이런 생각과 함께 다이어트와 관련한 여러 속설과 유사과학적인 내용들이 인터넷과 미디어에 광범위하게 퍼지고 있습니다. 그중 몇 가지 대표적인 사례들을 살펴보도록 하겠습니다.

팔뚝살을 빼는 운동?

다이어트를 결심하는 사람들 대부분은 건강보다 몸매가 주된 계기가 됩니다. 그러다 보니 '보기 싫게 살이 찐 부분'을 먼저 빼고 싶어하는 사람들도 많습니다. 그런데 이런 부위별 운동을 소개하는 영상에서 과학적이지 못한 이야기가 종종 등장합니다. 팔뚝 운동을 하면 팔뚝의 지방이 사라진다고 하고, 엉덩이와 허벅지를 잇는 부위의 지방을 빼겠다고 그 부위 운동을 집중적으로 하기도 합니다. 간단히 말해서 거짓말입니다. 운동이 해당 부위의 근력을 기르는 데에는 도움이 되겠지만, 우리 몸은 운동하는 부위의 지방이 사라지는 방식으로 운영되지 않습니다.

아주 옛날, 인간이 다른 동물과 마찬가지로 사냥을 하고 과일을 채집하던 때로 돌아가 봅시다. 먹을 것이 언제나 풍부하면 좋겠지만 시기에 따라 먹을 것이 넘칠 때와 부족할 때가 당연히 교차합니다. 따라서 먹을 것이 풍족할 때 많이 먹어서 몸에 저장했다가, 부족할 때 그것으로 버틸 수 있던 사람은 그렇지 않은 사람보다 생존율이 높았을 것이고, 자연히 그런 이들의 후손이 더 많이 살아남아 현재의 인류로 이어졌을 것입니다.

그렇다면 먹은 것을 무엇으로 저장하는 것이 좋았을까요? 에너지가 되는 영양분은 탄수화물과 단백질 그리고 지방입니다. 이 중 단백질은 에너지가 되기도 하지만 우리 몸의 중요한 구성 요소이기도 합니다. 하지만 단백질이 풍부한 먹잇감은 상대적으로 부족했지요. 당장 에너지를 만들기에 적합한 것은 탄수화물입니다. 과일이나 꿀이 비교적 분자 크기가 작은, 흡수하기 쉬운 탄수화물이고, 곡물이나 저장뿌리 등은 양은 많지만 분해하긴 조금 까다로운 탄수화물이지요. 반대로 지방은 단위 질량당 칼로리가 탄수화물이나 단백질의 두 배가 더 되니 저장하기에 안성맞춤입니다. 또 지방은 자기들끼리 뭉치는 성질도 있고요. 그러나 애석하게도 자연의 산물 중 지방이 풍부한 것은 의외로 드뭅니다. 가장 풍부한 것은 탄수화물이지요. 따라서 우리 몸은 섭취한 탄수화물을 지방으로 저장하는 방식으로 진화합니다.

지방은 먼저 우리 몸의 피부 아래에 저장됩니다. 이를 피하지방이라고 하지요. 피하지방은 단지 저장의 기능만 하는 것이 아닙니다. 우리 몸의 외부와 내부를 차단하여 체온을 유지시키는 역할도 하고, 쿠션처럼 외부의 충격을 완화시켜 내부의 근육과 뼈를 보호하기도 합니다. 또 렙틴leptin과 같은 호르몬을 분비하기도 하지요.

하지만 피부 아래쪽에만 자꾸 저장하다 보면 한계가 있기 마련입니다. 마치 미쉐린타이어 캐릭터처럼 된다면 움직이기가 힘들겠지요. 사냥과 채집을 위해 끊임없이 움직여야 했던 옛 조상들이 이런 곳에만 지방을 저장했었더라면 오히려 생존율이 떨어졌을 겁니다.

그렇다면 지방을 어느 부위에 저장하는 것이 가장 좋을까요? 남성의 경우 저장하기 가장 좋은 장소가 복부입니다. 다른 부위를 생각해 보죠. 가슴에 지방을 쌓으면 지방이 갈비뼈를 죄어 숨을 쉬기가 힘들어집니다. 걷기 위해서는 다리에도 지방이 많으면 안 됩니다. 모래주머니를 차고 걸어보신 분들은 이해가 될 겁니다. 대단히 불편하지요. 그렇다고 사냥을 하고 채집을 하는 팔과 손에 이를 저장할 수도 없습니다. 머리는 당연히 안 되고요. 그래서 내장과 내장 사이에 내장지방을, 그리고 복부 앞쪽에 복부지방을 저장하는 방식으로 진화합니다.

여성의 경우는 조금 다릅니다. 임신과 출산을 위해선 자궁 주변에 지방을 쌓아 충격을 방지하는 것이 중요했습니다. 그래서 자궁 주변인 아랫배와 허벅지, 엉덩이에 주로 지방이 쌓입니다. 즉 내장지방보다는 피하지방이 주로 쌓이지요. 물론 폐경 이후의 여성은 성호르몬 분비가 줄면서 내장지방도 많이 쌓입니다. 이렇게 우리는 이미 복부를 중심으로 엉덩이와 허벅지에 주로 지방을 쌓도록 진화되었습니다. 물론 지방의 양이 아주 많아지면 피하지방도 더불어 많아져서 온몸에 지방이 쌓이지만요.

지방의 원래 목적은 에너지를 저장하는 것입니다. 따라서 우리 몸에 에너지가 부족하게 되면 당연히 지방을 분해해서 사용하지요. 그런데 이 지방이 축적될 때와 분해될 때는 그 순서가 반대입니다. 축적될 땐 아랫배와 엉덩이, 허벅지 순으로 축적되지만 빠질 때는 그 부위가 아닌 다른 부위가 먼저 빠집니다. 그래서 다이어트를 하면 아랫배는 아직 나와 있는데 얼굴부터 핼쑥해지지요. 마치 저금을 할 때 적금통장에 돈을 먼저 넣지만 입출금통장에 있는 돈을 적금통장에 있는 돈보다 더 자주 빼는 것과 마찬가지지요. 여기에는 호르몬과 효소의 역할이 큰 영향을 미칩니다.

지방 분해 및 저장에 관여하는 효소 중 하나가 리포단백 라이페이스lipoprotein lipase, LPL인데, 이 효소의 활성 부위가 다르기 때문입니다. 또 이 효소와 결합하는 수용체에는 지방 분해를 도와주는 베타 수용체와, 분해를 억제하는 알파-2 수용체가 있는데 베타 수용체는 주로 얼굴과 상체에, 알파-2 수용체는 하체에 더 많습니다.

결국 찌는 순서와 빠지는 순서는 애초에 정해져 있다는 거지요. 그래도 특정 부위를 열심히 단련하면 그 부위의 근육이 주변의 지방 분해를 도와주지 않을까라고 생각할 수 있습니다만 그렇지 않습니다. 우리 몸의 근육은 어느 곳에 있든 혈액을 통해 에너지를 공급받습니다. 그리고 혈액으로 에너지를 공급하기 위해 지방을 분해하는 것은 방금 말씀드린 순서대로지요.

하지만 일부 효과는 있을 수 있습니다. 근육이 단련되면서 그 부위의 모습이 우리가 흔히 바라는 모습으로 채워지는 거지요. 물론 살이 빠지기 전에는 피하지방에 가려져 있어 잘 볼 수 없지만, 점차 온몸의 피하지방이 사라지는 과정에서 근육을 단련한 부위와 그렇지 않은 부위의 겉모습은 차이가 나타나게 됩니다.

결국 특정 부위의 지방만을 제거하는 것은 식이요법이나 운동으로는 불가능합니다. 그러나 현대 과학의 발달은 이것이 가능하도록 방법을 만들었는데 총 세 가지가 있습니다. 먼저는 지방 흡입법입니다. 일종의 수술이지요. 원하는 부위의 지방을 도구를 써서 강제로 빼내는 겁니다. 또 하나는 지방분해주사입니다. 특정 부위에(주로 복부나 대퇴부 등입니다만) 주사기로 약품을 주입해서

과학이라는 헛소리

2주 정도에 걸쳐 서서히 지방을 녹이는 방법이지요. 세 번째로는 복부지방 제거용 초음파 치료입니다.

이런 방법은 비용도 많이 들 뿐더러 효과도 일시적이어서 영구적으로 지방을 제거하는 것이 아닙니다. 기존의 생활습관을 유지하면 다시 그 부위의 지방이 차오를 수밖에 없는 것이지요. 이렇게 강제로 지방을 분해하는 시술은 당장의 삶에 불편함이 있는 고도비만 환자를 위한 것입니다. 물론 요즘의 비만 클리닉에서는 누구나 이 시술을 받을 수 있지만 말이지요.

지방을 녹인다는 식품

요사이 크릴오일이 다이어트 보조식품으로 인기를 끌고 있습니다. 남극해 부근에 주로 서식하는 크릴이란 생물에서 추출한 일종의 기름인데, 다른 오메가-3 지방산과 달리 인지질 phospholipid이란 형태로 되어 있어 혈관 속 기름때를 더욱 잘 녹일 수 있도록 돕는다고 합니다. 부작용도 있다는군요. 일단 크릴이 갑각류다 보니 갑각류 알레르기를 일으킬 수 있지요. 그리고 지방산 자체가 혈당을 높일 수 있으니 당뇨 환자도 조심해야 합니다. 그리고 혈액 응고를 방해할 수 있으니 관련 질환이 있거나 임신 중 혹은 수유 중인 여성도 피해야 합니다.

그런데 말이죠. 사실 이 지방을 잘 녹인다는 것이 무슨 의미일까요? 우리 몸속의 혈관에는 지방이 떠다닙니다. 우리가 먹은 음식에서 흡수한 것도 있고 간에서 합성한 것도 있지요. 그리고 혈액에서 적혈구나 백혈구를 뺀 나머지 대부분은 물입니다. 물과 지방은 서로 잘 섞이질 않지요. 그래서 지방은 보통 혈액 중의 단백질과 결합하여 움직입니다. 이때 인지질(크릴오일에 있다는) 같은 물질은 한쪽은 물과 결합하고 다른 한쪽은 지방과 결합하여 물과 지방을 서로 섞이게 해 주는 역할을 합니다. 마치 비누나 세제가 하는 역할처럼 말이지요.

때는 보통 피부에서 분비되는 유분과 먼지가 합쳐져서 만들어집니다. 일종의 기름때지요. 그런데 때는 물을 싫어해서 물에 잘 녹질 않습니다. 비누나 세제는 이런 기름때를 물과 잘 섞이도록 만들어 줍니다. 크릴오일도 혈액 속에서 마찬가지의 역할을 합니다. 자기들끼리 뭉쳐 있던 지방이 서로 흩어지게 되면서 혈액 속에 잘 녹아있게 됩니다.

물론 이 자체로 건강에 좋은 여러 효과가 나타나긴 하지만 살이 빠지는 건 아닙니다. 가령 물병 안에 물과 올리브오일이 있는데 여기에 비누를 넣어 잘 흔들면 오일이 물과 서로 섞이게 됩니다. 눈으로 보면 오일이 사라진 것처럼 보입니다. 그렇다고 오일이 정말 사라지는 건 아니지요. 그리고 우리가 살이 쪘다고 이야기할 때의 지방은 애초에 우리가 음식으로 먹은 지방이 아니라 탄수화물입니다. 혈액 중의 포도당이 과다하면, 즉 탄수화물이 너무 많으면 간과 지방세포가 이들 중 일부를 지방으로 합성해 저장합니다. 혈액 중의 지방과는 관련이 없지요.

지방을 녹이는 대신 태우는 음식을 소개하는 블로그나 글도 많습니다. 대표적인 것이 엘-카르니틴L-Carnitine입니다. 다이어트 보조제, 운동 보조제 등에 첨가되었다는 광고도 많이 있지요. 엘-카르니틴은 일종의 아미노산입니다. 이 아미노산이 하는 가장 중요한 역할은 미토콘드리아에 지방산을 끌고 가는 것입니다. 미토콘드리아는 포도당이나 지방 등을 분해해서 우리가 활동하는 데 필요한 에너지를 생산하는 세포 내 공장입니다. 마치 석탄이나 석유로 전기를 만드는 발전소와 같은 것이죠.

엘-카르니틴이 여기로 지방산을 끌고 가면 미토콘드리아가 이를 태워버리니 자연히 체지방 감소 효과가 있는 것은 맞습니다. 지방을 태운다는 말이 실제로도 맞고요. 하지만 우리 몸의 간은 건강하기만 하다면 이미 충분한 엘-카르니틴을 만들어 내고 있습니다. 즉 이 아미노산을 따로 먹을 필요가 없다는 것이죠. 또한 아미노산은 소고기나 돼지고기 등 육류에 아주 풍부하게 분포하고 있기 때문에 채식주의자가 아니라면 모자랄 염려도 없습니다. 엘-카르니틴은 좋은 영양소임에 분명하지만 우리에게 부족하지 않고, 다른 영양소들이 그러하듯이 과하면 메스꺼움이나 구토, 설사와 같은 부작용이 나타납니다. 결국 우리가 살이 찌는 건 엘-카르니틴이 지방산을 끌고 가지 않아서가 아니라 열심히 끌고 감에도 불구하고 그보다 더 많은 지방산을 탄수화물로 만들어 내기 때문이지요. 운동 전후에 엘-카르니틴을 마시는 것은 큰 효과를 주지 못합니다.

파인애플 식초가 다이어트에 좋다는 이야기도 나옵니다. 그 근거로 파인애플에는 단백질을 분해하는 브로멜린bromelin이란 효소가 있기 때문이라고 하지요. 브로멜린이 단백질을 분해한다는 것까지는 사실입니다. 그래서 고기를 연하게 하는 연육제로 파인애플을 사용하지요. 마찬가지의 논리라면 파인애플뿐만 아니라 연육제로 사용되는 키위나 배도 마찬가지로 다이어트에 좋을 것입니다.

그러나 사실은 정반대입니다. 우리가 고기를 먹었을 때 포만감이 오래가는 이유는 단백질이 다른 성분에 비해 소화가 잘되지 않기 때문입니다. 위에서 펩신에 의해 한 번, 십이지장에서 트립신에 의해 또 한 번, 그리고 다시 펩티다아제에 의해 또 분해가 되어야 겨우 흡수가 되지요. 그나마도 모두 흡수가 되질 않아서 대변으로 빠져나가는 양도 꽤 되고요. 대표적인 단백질 중 하나인 콜라겐은 20%만 흡수되고 나머지는 다 빠져나갑니다. 그런데 파인애플은 단백질의 소화과정을 도와 주니 오히려 단백질의 흡수를 도와주는 셈입니다. 따라서 다이어트에 도움을 주는 게 아니라 영양분 흡수에 도움을 주어 오히려 살이 찌게 됩니다.

반대로 조리과정을 생략하고 음식을 생으로 먹으면 흡수가 잘 되질 않아 포만감을 쉽게 느끼게 되어 다이어트에 도움이 됩니다. 자연 그대로이기 때문에 천연성분이 많이 포함되어 그렇다는 것은 사실이 아니고요, 흡수율이 떨어지기 때문입니다. 특히 식물의 경우 세포막 밖의 세포벽 성분이 소화가 거의 되질 않습니다. 채소를 생으로 먹을 때는 이 세포벽이 잘 파괴되지 않기 때문에 세포막 안의 영양성분을 섭취하기 어렵지요.

우리가 불을 이용하기 시작하면서 소화기관이 이미 불에 익힌 음식에 익숙해진 것도 한 까닭입니다. 그러니 불을 대지 않은 음식은 굽거나 삶거나 데친 것에 비해 소화 흡수율이 떨어지는 것이지요. 쌀보다 밥이, 밥보다 죽이 더 소화가 잘되고 그만큼 살이 더 찌기 쉬운 이유입니다. 육식의 경우도 마찬가지입니다. 고기를 불에 굽거나 삶는 과정에서 단백질의 일부가 분해되면서 우리 몸에 흡수가 더 잘 되게 됩니다. 또 그 과정에서 수분이 빠져나가니 포만감 없이 더 많이 먹을 수도 있고요. 육회나 회가 살이 잘 찌지 않는 것도 그 때문입니다. 물론 탄수화물이 적기 때문이기도 하지만요.

또한 이렇게 소화가 어려운 경우 소화과정에서도 에너지 소모가 더 많이 일어납니다. 흔히 식사 유발성 열생산diet-induced thermogenesis이라고 하는 부분이지요. 우리가 평소에 소모하는 열량 중 10~20%가 바로 이 음식물을 소화하는 과정에 쓰입니다. 팔레오다이어트paleo diet라고 하는 이야기 중에서 그나마 근거가 있는 주장 중 하나입니다.

이외에도 다양한 음식들이 지방을 태운다고들 말합니다. 녹차가 좋다더라, 카카오닙스가 좋다더라 아보카도가 좋다더라 등 지방을 태우는 10대 음식에 대해 이야기합니다. 그런데 가만히 살펴보면 이 음식의 특정 성분이 몸안에 들어가서 스스로 불을 붙여 지방을 태우는 것이 절대 아닙니다. 이들의 특징은 항산화작용을 한다든가 아니면 물질대사를 활발하게 만든다는 것이지요. 하지만 이런 음식 역시 먹고 움직이지 않는다면 말짱 도루묵입니다. 하루에 녹차 10잔을 마신다고 해도, 카카오닙스를 열심히 씹는다고 해도 움직여서 물질대사를 촉진하지 않는다면, 그래서 혈액 중의 탄수화물이 사라지지 않는다면 지방세포 안의 지방은 나오지 않습니다.

우리가 살을 뺀다고 하는 것은 한 마디로 지방세포 안의 지방을 끄집어내어 없애버리는 겁니다. 그런데 이 지방이 나오려면 혈액을 타고 돌아다니는 포도당과, 근육과 간에 저장된 글리코겐이란 탄수화물이 사라져야 합니다. 이들이 모두 사라진 후에야 지방이 나오는 거지요. 그리고 이들 포도당과 글리코겐이 사라지기 위해선 두 가지 방법이 필요합니다. 운동을 통해서 태우거나, 먹지 않음으로써 이를 공급하지 않는 거지요. 즉 적게 먹으면서 운동하지 않는 한 지방은 사라지지 않습니다. 녹차, 카카오닙스, 아보카도를 아무리 많이 먹어도 마찬가지지요.

정말 술 때문일까?

많은 사람들이 술을 마시면 살이 찔 것이라고 생각합니다. 그런데 과학을 좀 아는 사람들은 술에 들어있는 에탄올이 '빈 에너지empty energy'라는 것을 들어 술을 마셔도 살이 찌지 않는다 하기도 합니다. 오히려 밥을 먹을 시간에 술을 마시면 살이 빠진다는 분도 있습니다. 아주 틀린 말은 아니지만 현실적으로 봤을 땐 틀린 말입니다.

에탄올이 몸에 들어오면 우리 몸은 다른 일을 다 제치고 알코올 분해를 시작합니다. 알코올은 우리 몸이 분자생물학적으로 체득하고 있는 독성 물질이기 때문이지요. 알코올 분해 과정은 알코올을 아세트알데히드로 바꾸고, 이를 다시 아세트산으로 바꾼 후 마지막으로 이산화탄소와 물로 분해하는 꽤 복잡한 과정입니다. 이 과정에서 알코올이 만드는 에너지는 알코올을 분해하는 데 다 사용됩니다. 즉 알코올 자체는 우리 몸에서 살을 찌게 하진 않습니다. 물론 과음을 심하게 해서 알코올이 위험 수준으로 몸에 쌓이면 그중 일부는 지방이 되기도 합니다. 이런 경우를 알코올성 지방간이라고 하지요. 그렇게까지 마시진 않았다면 알코올은 대부분 분해되는데, 이 과정에 당과 물이 필요합니다. 그래서 나타나는 현상이 일시적으로 체중이 줄어드는 겁니다.

간에 있는 글리코겐이란 성분은 음식을 먹을 때 우리의 몸이 흡수한 포도당을 임시 저장하기 위해 합성해 둔 것입니다. 알코올을 분해하는 데 이 글리코겐이 쓰이고, 물과 이산화탄소로 분해되면서 사라지지요. 분해 과정에는 물도 필요하니 수분도 사라집니다. 더구나 에탄올은 이뇨작용을 활발하게 합니다. 체내 수분도 감소하니 체중이 줄어들 수밖에요. 알코올을 분해하는 과정에서 글리코겐을 다 쓰면 체내에 저장된 포도당을 쓰지요. 술을 마시면 체중이 오히려 줄어든다고 하는 분들은 이런 현상을 두고 이야기하는 겁니다.

하지만 함정이 있습니다. 간이 알코올을 분해하기 시작하면 다른 녀석들은 뒷전이 됩니다. 그래서 술과 함께 먹은 안주의 영양분들, 그중에서도 탄수화물들은 당장 처리할 수 없으니 대부분 지방으로 저장이 됩니다. 즉 술과 함께 먹는 안주는 체내의 물질대사를 통해 사라지지 않고 모두 지방이 되는 거지요.

또 술을 먹고 나면 마지막으로 잔치국수나 한 그릇하자는 유혹에 빠지는 경우가 많지요. 아니면 집에 와서 라면이라도 하나 끓여먹자고도 하고요. 평소보다 먹는 양이 늘어납니다. 그래야 술이 덜 취한다고도 하고, 다음날 속이 좀 덜 불편하다고도 하지요. 하지만 이는 모두 우리 몸이 부르는 일입니다.

알코올을 분해하는 과정에서 혈액 중의 탄수화물 성분이 사라지니 몸이 저혈당 상태가 됩니다. 그래서 탄수화물이 당기는 거지요. 술을 먹을 때 이상하게 찌개에 밥을 말아 먹고 싶다거나, 전골에 사리를 계속 투하하게 되는 것도 다 몸이 시키는 겁니다. 그런데 그렇게 들어온 탄수화물은 알코올이 아직 분해되지 않은 상태에선 족족 지방으로 축적됩니다.

결국 알코올이 빈 에너지란 말이 아주 틀린 것은 아니지만, 깡술을 마시지 않는 한 살이 찔 수밖에 없는 구조인 것 또한 맞습니다. 그렇다고 빈 속에 술만 마신다면 몸이 상하게 되니 이 역시 추천할 일은 아닙니다. 만성 알코올중독 중증인 분들 중 마른 분들은 안주가 거의 없는 채로 정말 술만 마시기 때문입니다. 어떻게 보면 가장 위험한 경우이지요.

술을 아예 먹지 말자는 이야긴 아니고요. 술을 먹을 때 지방이 축적되는 것 정도는 감내할 생각을 가져야 한다는 거지요. 물론 맥주 한두 잔을 야채스틱과 함께 먹는 정도라면 살이 찔 염려는 없겠지만요.

위험한 식욕, 억제제

비만인 사람이 살을 빼려면 가장 먼저 해야 하는 일이 식이 조절입니다. 즉 적게 먹어야 한다는 거지요. 이 당연한 일이 엄청난 노력과 인내를 필요로 한다는 것은 해 본 이들은 다 알 겁니다. 23시간 30분 동안 열심히 다이어트를 해도 고작 30분 먹은 것 때문에 모두 수포로 돌아가는 일이 발생하기도 하지요. 식욕이란 게 참 무섭습니다.

그래서 약에 눈이 갑니다. 저 약을 먹으면 식욕이 생기지 않는다는 달콤한 유혹에 빠집니다. 식욕억제제입니다. 현재 우리나라에서 식욕억제제로 허가받은 의약품 성분은 펜터민, 페디메트라진, 디메틸프로피온, 마진돌, 도카세린이며 부프로피온염산염과 날트렉손염산염이 복합되어 작용하는 것도 허가가 되었습니다. 이 성분들은 모두 신경흥분제 계열입니다. 중요한 문제가 엉켜 신경이 곤두서면 밥 먹을 생각도 못하다가, 문제가 해결되면 그때 비로소 시장해지는 느낌이 들었던 경험이 다들 한 번쯤 있으시죠. 식욕억제제는 바로 그 신경을 곤두서게 하는 약입니다. 그래서 식욕이 생기지 않게 하지요.

그런데 이들 성분은 또 의존성이나 내성이 발생할 수 있어 향정신성의약품으로 지정, 관리되고 있습니다. 부작용이 상당한 거지요. 의존성이 있다는 게 첫 문제입니다. 어떤 경우에는 한 달 정도 복용해도 의존성이 생기고, 석 달 이상 복용하면 대부분 의존성이 생기니 그 이상은 복용을 금합니다. 그 외에도 가슴이 두근거리거나 맥박이 빨라지고, 혈압이 높아지거나 가슴에 통증이 생기고, 입이 마르거나 정신이상이 나타나기도 합니다. 과다 복용 시에는 환각상태를 겪거나 심리적 불안상태가 나타날 수 있으며 심하면 혼수상태 및 사망에 이를 수도 있습니다.

이렇게 심각한 부작용이 있는데 어떻게 허가가 난 것일까요? 심한 비만은 질병이기 때문입니다. 살이 조금 찐 정도가 아닌 중증 비만 환자라면 그 자체로 건강이 상당히 위험해집니다. 중증 비만의 경우 미세혈관 순환에 장애가 생겨 피로물질이 축적되기 쉽고, 간 기능에 장애가 있는 경우도 많아 쉽게 피로합니다. 또 온몸으로 보내야 할 피의 양이 많아져 심장에 부담이 엄청 갑니다. 숨도 차지요. 폐도 힘듭니다. 더구나 폐를 둘러싼 가슴 주위에 살이 찌면 호흡을 하기가 더 힘들어집니다. 고관절, 무릎, 발목관절 등이 받는 압력이 커져서 관절염에 걸릴 가능성도 커집니다. 식욕억제제는 바로 이러한 이들을 위한 치료용 약품인 거죠. 다소의 부작용보다 중증 비만의 치료가 더 필요하다고 여겨질 경우를 위해 치료용으로 허가가 난 것입니다.

효과는 확실하나 부작용도 만만치 않으니 처방이 까다롭습니다. 기본적으로 의사의 처방이 있어야만 사용이 가능합니다. 그 경우에도 보조요법으로 사용하라고 권하고 있지요. 기본적으로 식사, 운동 및 생활습관의 개선이 먼저라고 명시되어 있습니다. 복용 기간에 있어서도 3개월 이상 복용하면 안 된다고 나와 있지요. 의존성이 생기기 때문입니다. 한 달 정도 복용했는데도 효과가 없으면 3개월이 되기 전이더라도 중단을 권합니다. 그리고 다른 식욕억제제와 같이 복용하는 것도 금지하고 있지요.

즉 다이어트용으로 먹으라고 나온 약이 아니라는 뜻입니다. 의사가 진단을 하고, 환자의 비만 정도가 일상생활과 건강에 지대한 영향을 미친다고 판단하는 경우에 처방이 가능한 약입니다. 의사가 환자의 체중 감량이 다른 부작용보다 중요하다고 판단하는 경우에 최대 석 달을 기준으로 한시적으로 사용하고, 복용 후 1년 이내에는 사용하지 않도록 나온 약입니다. 그러나 식욕억제제를 끊으면 다시 식욕이 돌아오고 요요현상이 생기다 보니 욕심이 계속 생깁니다. 원래 다니던 곳에서 다시 처방을 해 주지 않으면 처방을 해 주는 다른 병원으로 옮깁니다. 이렇게 옮겨 다니며 계속 복용을 하다 보면 마치 조현병 같은 환각현상을 겪기도 합니다. 단지 살을 좀 빼겠다는 욕심이나 몸매가 좀 예뻤으면 좋겠다는 정도로는 애초에 복용할 생각을 하지 않는 것이 좋습니다.

이외에 지방흡수억제제가 있습니다. 리파아제lipase는 지방을 분해하여 우리 몸에 흡수가 가능하도록 만들어 주는 효소입니다. 지방흡수억제제는 이 효소의 작용을 억제하는 올리스타트 성분으로 만들어집니다. 즉 우리가 먹는 음식 속의 지방을 몸이 흡수할 수 없게 만드는 것이죠. 부작용도 별로 없습니다.[2]

하지만 앞서 말씀드린 것처럼 우리가 살이 찌는 이유는 대부분 탄수화물을 많이 먹어서인데, 지방의 흡수를 억제하니 그 효과가 생각보다 아주 크지는 않겠지요. 실제 임상실험 결과를 보면 평균 6~7개월 정도의 기간 동안 약 10% 정도 감량이 된다고 합니다. 이는 평균이니 사람에 따라 다르긴 하겠지요. 다른 식욕억제제에 비해서 효과가 아주 빠르게, 또 크게 나타나는 약은 아닙니다. 그리고 효과에 비해 비용이 상당히 높은 편이고, 의사의 처방이 있어야 해서 그리 인기가 있는 편은 아닙니다. 이 역시 중증 비만인 경우나, 이 정도의 감량도 굉장한 도움이 되는 분들을 위해 의사들이 처방하는 약인 거지요.

나는 비만인가

그런데 가만히 주변을 돌아보면 정말 살이 쪘다고 생각되는 사람은 생각보다 많지 않습니다. 그런데 왜 모두 자기 자신은 살이 쪘다고 생각하는 걸까요? 체질량지수body mass index, BMI라는 것이 있습니다. 체중을 키의 제곱으로 나눈 것인데 비만을 측정하는 가장 손쉬운 방법이지요. 세계보건기구에 따르면 수치가 30 이상이면 비만이고 25이상이면 과체중입니다. 대한비만학회는 구간을 조금 더 상세히 나누는데 40이상이면 고도비만, 35~39.9면 중도비만, 30~34.9면 경도비만, 25이상이면 과체중이고, 정상 체중은 18.5~24.9입니다. 그보다 아래면 저체중이지요. 대략 계산해 보니 키가 170cm인 사람은 53.5kg에서 72kg 사이면 정상이고 그보다 높으면 과체중, 86kg이상이면 비만이 되지요. 하지만 이런 체질량지수를 기준으로 비만이냐 아니냐를 결정하는 것은 문제가 있습니다.

먼저 운동을 열심히 해서 근육이 많은 사람은 동일한 조건에도 체중이 많이 나갑니다. 근육이 지방보다 밀도가 높기 때문이지요. 마치 같은 크기의 벽돌이 같은 크기의 나무 토막보다 무거운 것과 같은 이치입니다. 피트니스센터에서 열심히 근력운동을 한 사람이 겉으로 보이는 몸매보다 실체중이 더 나가는 것도 같은 이유입니다. 그렇다고 이런 분들을 비만이라고 하지는 않지요. 그리고 남성이 여성보다 골격이 두껍고 선천적으로 근육이 많기 때문에 같은 키에 같은 조건이면 체질량지수가 높게 나옵니다. 한편 마른 비만이라고 해서 체중은 적지만 체지방률이 높은 경우도 있습니다. 이렇게 체질량지수는 아주 비만인 경우를 제외하곤 정확도가 많이 떨어진다고 볼 수 있습니다.

서울대 예방의학교실에서 한국인 1만 6,000여 명을 포함한 아시아인 100만 명 정도를 대상으로 연구한 바에 따르면 체질량지수가 22.5에서 27.5에 해당하는 사람이 사망 위험이 가장 낮았습니다. 즉 과체중 정도는 건강에 큰 문제가 없다는 것이지요.[3]

또 미국의 국가보건통계청 연구팀이 발표한 논문에 따르면 정상체중보다 과체중인 사람의 사망률이 오히려 6% 정도 낮았습니다. 가벼운 비만인 사람은 정상인 사람과 별 차이가 없었고요.[4] 물론 체질량지수가 35이상인, 즉 겉으로 보기에도 꽤 살이 쪘다고 보이는 사람은 당연히 건강상의 문제가 있는 것이지만요.

이렇게 체질량지수만 가지고는 정확도가 떨어지니 등장한 것이 체지방지수입니다. 흔히 피트니스센터에 가면 재는 '인바디'가 그것이지요. 정확한 명칭은 생체저항분석기Bioelectrical impedance analysis, BIA입니다만 'InBody'라는 회사의 제품이 널리 쓰이다 보니 '인바디'라고 부르는 경우가 많아졌지요. 정식 명칭에서 나타나다시피 아주 약한 전류를 흘려 몸의 저항을 재는 것이 기기가 하는 역할입니다. 지방은 전기 저항을 크게 받고, 근육은 저항을 적게 받는 것을 이용하여 만든 기기죠. 저항을 측정한후, 그 결과값과 체중 그리고 키를 제조사가 만든 공식에 대입하면 체지방이 추정되는 방식입니다. 하지만 이 경우도 체지방 자체를 측정하는 것이 아니라 인체의 전기 저항을 측정하는 방식이다 보니 여러 착오가 생길 수 있지요. 즉 음식을 섭취했을 때와 공복인 상태에 따라 다르고, 운동을 하기 전과 하고난 뒤가 다릅니다. 신체 내의 수분함량에 따라서도 달라지지요. 물론 매일매일의 결과를 맹신하지 않고 꾸준히 측정하면 전체적인 변화의 흐름을 비교적 정확히 알 수 있을 것입니다.

이 글을 쓰면서 저는 '건강한 삶'을 살기 위한 다이어트에 대해 이야기를 주로 하고 있습니다만 사실 많은 사람들이 '보기 좋은 몸매'라는 결과에 더 관심이 있지요. 사실 '보기 좋은 몸매' 자체가 이미 '건강한 삶'에 일정 부분 기여를 하는 것은 사실입니다. 또 몸매 관리는 자기 관리의 지표로 여겨지기도 합니다. 그러나 보기 좋은 몸매라는 개념은 상대적입니다. 남성과 여성이 생각하는 이상적인 체형이 다르고, 한국과 미국의 이상적인 체형이 다릅니다. 무엇보다도 사람마다 선호하는 체형이 다르지요. 하지만 여전히 마른 몸매가 아니라면 아름다운 몸매가 될 수 없다는 생각이 보편적이긴 합니다.

하지만 사회적 인식에도 변화의 바람은 불고 있습니다. 플러스 사이즈 모델들이 대표적인 예일 것입니다. 패션업계가 마른 체형 위주의 옷을 주로 만들다 보니, 모델 선발도 마른 체형 위주로 이루어졌습니다. 이러한 패션업계에서 플러스 사이즈 모델의 등장은 신선한 충격을 던져줬지요. 플러스 사이즈 모델들은 평균 체형보다 큰 편이지만, 꾸준한 운동으로 관리된 몸과 남다른 패션센스, 그리고 자신만의 매력으로 사랑을 받고 있습니다. 몸매와 아름다움에 대한 생각은 이렇게 조금씩 바뀌고 있습니다.

인식의 변화만큼이나 중요한 것이 몸매의 양극화와 고착화일 것입니다. 옛날엔 살이 찐다는 것이 충분한 식사와 여유 있는 삶을 사는 부유한 지배층의 상징이었지요. 그래서 삐삐 마른 사람은 선호 대상이 아니었습니다. 물론 여성은 출산과 육아가 중요했기 때문에 역사 전반에 있어 큰 엉덩이와 가슴이 중요하게 여겨지기도 했습니다. 하지만 이제 대부분의 우리는 충분한 영양을 공급받는 시대에 살고 있기 때문에 현대 사회에서는 더 이상 풍만한 몸이 선호 대상이 아니게 되었습니다. 오히려 정크푸드를 자주 섭취하게 되는 가난한 사람들이 과다한 탄수화물과 지방으로 인해 살이 더 찌게 됩니다.

저희 동네 시장에 가면 가장 싸게 끼니를 때울 수 있는 가게가 있습니다. 흔히 말하는 시장통 칼국수집이지요. 3,000원이면 한 끼가 해결됩니다. 값싼 멸치로 우린 육수에 수입 밀가루로 만든 칼국수면, 그리고 중국산 김치가 전부지요. 영양으로 본다면 나트륨과 탄수화물은 과다하고, 단백질과 질 좋은 지방 그리고 다양한 무기염류와 비타민은 절대 부족한 한 끼입니다. 또 다르게는 햄버거에 콜라로 한 끼를 떼울 수도 있고, 아이들은 학교 앞 떡볶이나 편의점 삼각김밥으로 끼니를 해결하기도 합니다.

이 모든 값싼 한 끼의 공통점은 과다한 탄수화물과 나트륨이지요. 그리고 나머지 대부분의 영양소는 결여되어 있습니다. 살은 찌지만 영양적 측면에선 불균형이 심화되지요. 반면 장시간 노동을 하지 않아도 되어 건강한 삶을 위해 다양한 취미생활과 운동을 즐길 수 있고, 건강한 식단에 충분한 관심과 예산을 쏟을 수 있는 사람들은 '균형 잡힌 몸매와 건강한 신체'를 보여줄 수 있게 되었습니다. 텔레비전과 같은 매스미디어에서도 이러한 삶과 몸을 이상적으로 그려내고 있습니다.

또 다른 극단으로는 극도로 마른 몸매를 선호하는 현상도 있습니다. 패션모델의 경우 의학적으로 매우 위험한 수준의 저체중이 일반화됩니다. 이런 경향은 남성보다는 여성에게 더 심하게 적용되지요. 키 180cm에 몸무게가 60kg이 되지 않으면 대부분 생리가 사라지거나 영양이 심하게 불균형해지고, 피하지방이 위험한 수준으로 낮아집니다. 그러나 모델 세계에서는 이것이 아주 당연한 듯 보입니다. 그 결과 나쁜 경우 거식증으로 사망하는 경우도 나타납니다. 한 곳에서는 이렇게 마른 모델들을 활용한 마케팅에 대해 비판을 하고 있지만 말입니다.

결국 중요한 것은 '균형있는 몸매'보다 '몸매에 대한 균형'일 것입니다. 개인의 몸매가 나타내는 건강이나 아름다움은 상대적일 뿐더러, 그 나타내는 것이 때로 정확하지 않을 수도 있다는 것을 앞서 살펴보았듯이 말이지요. 더불어 비만이라는 사회 문제를 현명하게 해결할 방법도 필요하고, 몸매에 대한 우리 사회의 기준 또한 과연 지금까지 정상적이었는지를 자문해 볼 시간도 필요합니다. 몸과 마음이 모두 건강한 사회를 위해서 말입니다.

과체중이라 판정받은 분들은 안심하셔도 됩니다. 당신은 지극히 '정상'이니까요. 비만 판정을 받으신 분들은 건강을 위해 체중을 감량하는 노력을 하면 더욱 좋겠지요.

21세기의 과학은 이를 위한 가장 좋은 방법을 알려 줍니다. 조금 덜 먹고, 조금 더 움직이는 것입니다. 가장 정확한 방법이지요. 아름다움과 건강이라는 인간 본연의 욕망을 이용해 사회를 현혹시키는 유사과학으로부터 우리를 지킬 방법이기도 하고요.

2장

알면 비로소
보이는 것들

몰라서 생긴 일들

과학은 환경, 의학 등 우리 일상의 많은 지점과 맞닿아 있지요. 특히 요사이 환경에 대한 관심이 부쩍 높아졌습니다. 미세먼지, 미세 플라스틱, 지구 온난화 등 인류가 저지른 환경 파괴의 대가가 다양한 모습으로 돌아오는 광경에 스스로 반성하게 되지요. 이제는 우리가 자연과 더불어 살아가기 위해서라도 환경 파괴에 대한 과학적 성찰이 필요한 때입니다.

그리고 이런 반성에는 우리가 그동안 과학을 너무 맹신하지는 않았는가에 대한 후회도 함께 따라옵니다. 우리가 현재 믿고 있는 과학과 관련된 여러 속설들 중 혹시 잘못 알고 있는 사실은 없는지, 이 또한 다시 한 번 되돌아 볼 필요가 있습니다. 그래서 이번 장에서는 이와 관련하여 프레온가스, GMO, 농약과 비료, 천연섬유와 합성섬유 등에 대해 살펴보고자 합니다.

또 우리가 일상에서 자주 접하는 의학과 관련한 문제에 대해서도 짚어보고 싶었습니다. 과연 한의와 양의라는 구분은 정확한 것인지, 우리의 전통 한의학에 대한 의사들의 불신은 이유가 있는 것인지, 여러모로 민감한 주제지만 이를 살피는 과정에서 과학적 방법론이 무엇인지에 대해서도 다시 한 번 생각해 볼 기회를 만들고자 합니다.

과학이라는 헛소리

과학은 친환경적인가

프레온가스는 1930년대에 미국의 토머스 미즐리Thomas Midgley에 의해 개발되었습니다. 당시 냉매나 압축기 등에 사용되던 다른 기체 성분들의 폭발성이 강해 이를 대체하기 위해서였지요. 프레온가스는 엄청난 성공을 거두었습니다. 사람에게 무해하고, 다른 물질과의 반응성도 크지 않고, 오염물질을 남기지도 않는 '완벽한 냉매'라 평가되었지요. 하지만 40년 뒤인 1974년, 이 프레온가스가 오존층을 파괴한다는 사실이 처음으로 밝혀집니다. 그리고 10여 년에 걸친 후속연구에 의해 오존층 파괴가 인류와 지구 생태계에 엄청난 위협이 된다는 사실이 확인되면서 프레온가스는 이제 없애버려야 할 물질이 되었습니다. 결국 전 세계 각국이 프레온가스를 규제하는 몬트리올 의정서를 채택하였지요. 최초 개발과 상업적 이용 이후 의정서 채택까지 약 50년이 걸린 겁니다.

이런 전차로 많은 이들에게 과학은 '반환경적'이란 인식이 있는 것 또한 사실입니다. 이는 새로운 과학적 발견이나 기술적 성취가 환경과 인류에 미칠 영향을 좀 더 엄밀하게 평가하지 않은 채, 이를 그저 빠르게 적용해 온 결과일 수도 있습니다. 그러나 좀 더 근본적으로 보면 '발전'에 대한 인류의 강박에 연유한 것이라 볼 수도 있겠지요.

어찌 보면 이미 저질러진 일을 수습하는 데 어쩔 수 없이 과학이 필요하기도 합니다. 인류에게 닥친 지구 온난화를 비롯한 여러 문제를 진단하고 그 해결 지점을 찾아나가는 것 또한 과학의 몫이니까요. 동시에 인류가 당면한 여러 문제가 '과학적 발전'에 의해 모두 해결될 수 있다고 생각하는 '과학결정론' 또한 경계해야 할 것입니다.

앞으로도 과학의 발전은 필연적으로 다양한 환경 문제를 불러올 수밖에 없을 것입니다. 이는 과학으로만 해결할 수 있는 문제는 아니겠지요. 인류가 부딪치는 대부분의 문제가 그렇듯이 우리는 우리의 욕망과 싸워나가며 이를 해결해 나가야 합니다.

아직은 검증이 필요해

　요즘의 우리는 보통 의학과 한의학으로 의학을 구분하고 있지요. 대학을 의대, 한의대로 구분하는 것처럼 말입니다. 한의학을 하시는 분들 중에선 아직도 의학에 대해 양방, 양의란 말을 쓰기도 합니다. 그리고 아직 많은 사람들이 한국(동양)과 서양을 구분하는 것처럼 의학과 한의학이 구분된다고 생각하지요. 하지만 결론부터 말씀드리면, '현대의학'과 우리나라의 '전통의학' 정도로 구분하는 것이 더 정확할 것입니다.

　먼저 전통의학은 어떻게 생겨났을까요? 인류가 문명을 일구기 전부터 일종의 치료행위와 예방행위는 있어 왔습니다. 하다못해 동물도 스스로 치료를 합니다. 개나 고양이는 상처가 생기면 그 부위를 핥아 소독합니다. 앵무새를 포함한 많은 동물들은 배탈이 나면 진흙을 먹습니다. 진흙이 몸속에 들어가면 독성 물질에 들러붙어 이의 배출을 도와주기 때문입니다. 본능적으로 치료할 방법을 알고 있는 것이지요. 최근 연구에 의하면, 침팬지나 양 등 몇몇 동물들이 치료를 학습하는 모습을 보였다고도 합니다.

인간도 마찬가지입니다. 하지만 인간은 다른 동물들과 다르게 자신이 발견한 치료방법과 예방방법을 타인에게 전할 수 있었고, 이런 정보가 쌓이고 쌓여 민간요법이 됩니다. 문명이 발달하면서 이런 정보들 사이의 관계를 다시 살펴보고, 체계화하면서 일종의 전통의학이 탄생합니다.

전통의학은 중국과 인도에도 있었고 유럽 역시 각 지역의 특성에 맞춰 각자의 전통의학을 만들었습니다. 서양의학도 이런 전통의학 중 하나일 뿐이지요. 의학의 아버지라 불리는 히포크라테스는 4체액설을 주장했습니다. 인체는 혈액, 점액, 황담액, 흑담액 이 네 가지 체액이 기본 성분으로 되어있으며 이들 사이의 불균형이 질병을 일으킨다고 했지요. 물론 질병을 신이 내린 형벌이라고 보던 이전의 관점보다는 진일보한 것이라 볼 수 있지만, 현대의 우리가 보기에는 얼토당토않은 것이 사실입니다. 놀랍게도 4체액설은 17세기에 이르기까지 서양의학의 기본이었습니다.

그러나 17~18세기에 서구 유럽은 '과학혁명'을 거칩니다. 물리학과 천문학에서 시작된 거대한 과학적 진보는 여타 학문분야로 이어져갔지요. 라부아지에 등에 의한 화학혁명이 뒤를 따랐고, 생리학에서도 커다란 진전이 있었습니다. 현미경의 발명으로 모든 생물들의 몸이 세포로 구성되어 있다는 사실을 확인하고, 우리 눈에 보이지 않던 다양한 미생물들도 발견합니다. 해부학이 발달하면서 인체의 구조에 대해 더 자세히 알게도 되었지요. 미생물과 질병의 연관관계를 연구하면서 질병이 우리 눈에 보이지 않는 아주 작은 세균과 진균, 바이러스 등으로부터 비롯되었다는 사실도 확인합니다.

그중에서도 생물학의 발달은 의학에 크게 기여를 합니다. 세포 내의 미토콘드리아, 핵, 리보좀, 골지체, 소포체 등이 어떠한 역할을 하는지도 밝혀지고, 유전자가 염색체의 DNA라는 것도 확인됩니다. 화학의 발달도 기여를 하지요. 단백질과 탄수화물, 지방 등의 분자들이 어떠한 구조로 이루어져 있으며 또 어떠한 일을 하는지가 낱낱이 밝혀집니다.

서양의학은 이 과정에서 과학적 체계를 잡아가며 현대의학으로 발달합니다. 그 동안의 이론들을 과학적으로 검증하는 과정을 거친 것이지요. 그러나 우리나라를 포함한 다른 지역의 전통의학은 과학과는 별개의 노선을 이어오며 20세기로 접어듭니다.

여러분은 골절상을 입으면 한의원에 가시나요, 아니면 정형외과에 가시나요? 장염이나 간염 같은 염증질환이 생기면 어디에 가시나요? 대부분의 질문에 대부분의 사람들이 한의원이 아닌 병원이나 의원을 간다고 이야기합니다. 목숨을 위협하거나 심각한 질병, 혹은 부상을 당했을 때 많은 사람의 선택지는 대부분 현대의학입니다. 증상이나 정도에 따라 선택이 달라지지만, 우리가 한의학에 기대는 경우는 주로 가벼운 질병 또는 만성 비염이나 축농증, 알러지 등의 증상이 있을 때입니다.

한의학에서의 치료 행위를 보면 약과 침, 뜸 정도가 주를 이루고 있습니다. 흔히 도수치료 혹은 추나요법이라고 하는 것은 한의학의 전통치료법이라기보다는 카이로프랙틱chiropractic이 도입된 것으로 봐야할 듯합니다. 카이로프랙틱은 일종의 서양의학입니다. 그 시초는 미국으로 19세기에 시작되었지요. 미국에서는 카이로프랙틱 의사 면허가 따로 있습니다. 우리나라에 한의 면허가 따로 있듯이 말이지요.

하지만 카이로프랙틱이 서양의학이라고 해서 '현대의학'은인 것은 아닙니다. 일종의 서양 전통의학의 맥을 잇는 것이고, 유효한 치료 효과 또한 있으나 과학적으로 엄밀히 검증된 것은 아니기 때문입니다. 한의학과 의학의 차이 또한 여기에 있습니다. 연구나 임상실험 등의 과학적 검증을 거쳤느냐의 유무이지요.

물론 수천 년간 이어져 온 치료법이라면 그냥 두었을 때보다 치료를 했을 때 더 좋은 효과를 보았다는 개연성이 분명 있기 때문이었을 것입니다. 어떤 증상에 비슷한 치료 사례들이 모여 효과가 있음을 습득하게 된 것이지요. 그러나 이는 반대로 과학적 검증 과정을 거쳐야 할 필요성이 더욱 강조되는 것이기도 합니다. 전통의학에 과학적 검증 과정이 이루어진다면 이를 통해 더 의미 있는 성과를 낼 수 있는 부분이 분명 있을 것입니다.

가령 옛 선조들은 치통에 괴로울 때면 버드나무 껍질 안쪽 부분을 짓이겨서 아픈 부위에 물고 있었습니다. 통증이 잦아들길 바라면서요. 실제로 해 보면 효과가 있습니다. 물론 우리나라의 선조들만 그러지는 않았고 버드나무가 있는 지역에서는 거의 대부분 발견되는 민간요법입니다. 5,000년 전 이집트에서도 이와 같은 요법을 썼지요. 과학적으로 분석해 보니 버드나무 껍질에 있는 살리실산salicylic acid 성분이 통증을 가라앉힌다는 것이 밝혀졌습니다. 그리고 후속 연구를 통해 살리실산 자체를 복용하게 되면 위벽을 자극하고 설사를 일으키는 부작용이 있다는 것이 밝혀졌지요. 그래서 화학반응을 통해 아세틸 살리실산이라는 약품을 만들었고, 현재는 아스피린이라 불리는 약품이 되었습니다.

그런데 현대과학은 이 약효성분이 살리실산이라는 것을 밝혀냈다는 데 만족하지 않습니다. 살리실산이 왜 통증을 억제하는

지 그 프로세스를 파악하려고 하지요. 프로스타를란딘prostaglandin 은 대뇌피질로 통증을 전달하고 염증을 일으키는 물질을 합성하는 데 관여하는 COX효소인데, 살리신산이 이를 억제합니다. 이를 통해서 염증을 억제하고 진통 효과를 내는 것이죠.

이 과정에서 살리실산의 또 다른 작용이 밝혀집니다. COX효소는 두 가지인데 그중 하나가 혈액 응고에 관여하지요. 따라서 살리실산은 인체 내에서 혈액 응고를 방해하는 작용도 합니다. 또 아스피린이 인체 내에서 완전히 사라지는 데는 7~9일 정도 걸린다는 사실도 확인했지요. 그래서 혈전을 예방하는 작용을 할 수 있고 급성 심장마비에 사용되기도 합니다. 그러나 혈액 응고를 지연시키기 때문에 과다 출혈의 부작용도 있어서 수술 전에는 복용을 제한하기도 합니다.

만약 이런 연구가 없었다면 어땠을까요? 우리는 여전히 치통에는 버드나무 껍질만한 것이 없다고 하며 이를 벗겨 씹고 있을지도 모릅니다. 혹은 부작용도 모른 채 버드나무 껍질을 우린 물을 마셨을 지도 모르지요. 아스피린을 복용한 채로 수술을 진행하여 과다 출혈이 일어났을 수도 있었을 것입니다. 전통의학에 의해 약리효과가 어느 정도 입증된 물질을 다시 과학적 방법을 통해 어떤 성분이 어떤 프로세스를 거쳐 우리 몸에 작용하는지 다시 확인해야 하는 이유가 바로 이것입니다.

과학적 검증 과정에서는 약리효과가 있는 물질의 유효성분이 무엇인지 확인하고 혹시나 부작용은 없는지 검사하지요. 그리고 한 번 복용할 때의 적당한 양을 측정하고, 어떤 증상이나 체질을 가진 사람이 이를 먹으면 안 되는지도 검사합니다. 이런 과정을 거쳐 전통의학의 긍정적인 부분들이 현대의학에 흡수되고 발전되는 것이지요. 그리고 현대의학도 이런 과정을 거치면서 더욱 풍부해집니다.

이처럼 전통의학과 현대의학은 서로를 배척하기 보다, 과학적 검증이라는 과정을 통해 인류 전체의 건강을 위한 협력을 해야 합니다. 그러나 이 과정에서 과학적 기초가 결여된 혹은 잘못된 주장이 검증되면서 사라지기도 합니다. 서양 전통의학의 4체액설이 그러했듯이 우리나라 전통의학의 기본 철학도 이 과정에서 일부는 현대의학에 수용되고 일부는 사라질 것입니다. 과학적 검증을 통과하지 못한 이론을 '전통'이라고 감싸고 있을 수만은 없는 일이니까요.

이제는 사라진 서양의 전통의학에는 어떤 것들이 있을까요? 앞서 이야기한 것처럼 서양의 전통의학은 갈레노스와 히포크라테스의 전통을 잇고 있습니다. 무려 1700년대까지 2,000년 가까이 이들의 이론에 의해 치료가 행해졌습니다. 4체액설은 실제로 다양한 치료 과정에 영향을 줍니다. 사혈요법이 대표적이지요.

체액의 균형을 위해 피를 빼내는 것을 사혈요법이라고 하는데 중세 유럽에서는 정맥을 절개하거나 부항을 이용하였으며 두 방법을 쓰기 어려울 때는 몸에 상처를 내어 피를 빨아내는 방법을 사용했습니다. 실제로 중세 유럽의 부항기구는 현재 한의학에서 사용하는 기구와 별 차이가 없기도 합니다. 이제 현대의학에서는 이를 다루지 않지요.

이론이 폐기된 사례도 있지요. 현대의학의 한 기점이라 여겨지는 '질병 세균이론germ theory'이 있습니다. 질병이 세균에 의해 일어난다는 사실은 현미경의 발견과 더불어 시작된 새로운 이론입니다. 질병 세균이론은 로베르트 코흐Robert Koch에 의해 확립되었는데 그 시기는 19세기 말입니다. 그 이전까지는 서양에서도 질병의 원인이 더러운 것이 섞인 대기 중의 수증기나 안개, 악취 등에 의한 것이라 생각했습니다. 이를 미아즈마 이론miasma theory이라고 합니다. 물론 더러운 공기를 없애기 위해 열심히 청소를 하고 환기를 하는 가운데 세균도 같이 제거될 수 있으니 아주 효과가 없지는 않았을 것입니다. 하지만 미아즈마 이론 자체는 잘못된 이론으로 폐기되었지요. 중국에서도 장기瘴氣라고 하여 독이 섞인 공기가 질병을 일으킨다는 주장이 있었습니다.

현대의학의 주요 방법들은 대부분이 서양의 전통의학을 부정하고 있으며 과학적으로 검증된 새로운 이론을 기초로 형성되어 있습니다. 면역이론도 그러한 예 중 하나이지요. 최초의 백신이 만들어진 시기는 19세기입니다. 하지만 백신이 어떤 효과를 가지고 있는지에 대해선 잘 몰랐지요. 그저 관찰과 실험을 통해 효과가 있더란 정도였습니다. 그러다가 인체에 대한 이해가 깊어지면서 인체에 자체 면역기능이 있고, 백신이 이들과 어떻게 관련 있는지가 밝혀졌습니다. 뢴트겐Röntgen의 X-ray와 MRI, 항암 치료의 방사선 요법과 당뇨병의 인슐린 등 현대의학은 이러한 과학적 검증을 통해 탄생한 치료 방법입니다.

이처럼 저는 현대의학이 서양의 전통의학 이론을 부정하는 가운데 만들어졌다고 생각합니다. 다른 과학과 마찬가지로 말이지요. 아리스토텔레스의 역학 이론을 부정하면서 갈릴레이와 뉴턴에 의해 고전역학이 성립되었고, 뉴턴의 고전역학을 부정하면서 양자역학과 상대성이론이 발전한 것과 마찬가지입니다. 서양의 전통적 천문학이론인 천동설을 부정하면서야 우리는 현대적인 천문학을 시작합니다.

물론 과학이 이전의 전통 위에 서 있는 것은 맞습니다. 아리스토텔레스의 역학이 없었다면 갈릴레이와 뉴턴도 없었을 것이고, 갈릴레이와 뉴턴이 없었다면 아인슈타인과 닐스 보어도 없었겠지요. 하지만 그 과정은 기존의 이론을 답습하는 것이 아니라 부정하고 깨뜨리면서 이루어졌습니다. 현대의학도 마찬가지지요.

그렇다면 우리의 전통의학은 어떨까요? 수천 년의 역사를 지니고 있고, 많은 임상 사례를 통해 상관관계를 밝혀냈기에 효능이 없을 수 없습니다. 하지만 거기에 머물러서는 한계에 부딪칠 수밖에 없지요. 더불어 고려와 조선시대를 통해 이루어졌다는 임상적 사례는 엄밀한 과학적 검증이라고 볼 수 없습니다.

한의학의 이론에 대한 검증도 필요합니다. 침술과 한약 처방은 한의대에서 배운 이론을 기반으로 이루어집니다. 한의학 역시 다양한 임상 사례를 통한 일정한 상관관계를 가지고 있지요. 하지만 앞서 미아즈마 이론이 의료계와 대중에게 위생의 중요성을 일깨워 주고, 병의 예방과 치료에 도움을 주었지만 오늘날 사장된 것처럼, 상관관계에 의존한 치료 행위만으로는 한의학이 현대의학으로 더 발전하기는 어렵습니다. 실제 도움이 되는 치료의 구체적 과정을 검증하는 것이 중요합니다. 물론 현대의학적 관점, 더 중요하게는 과학 분야인 생리학적 관점에서 말입니다.

과학적 검증을 거치면 한의학의 전통 중 의미 있는 부분은 현대의학의 내용을 풍부하게 만들어 줄 수 있습니다. 전통의학으로부터 유래한 아스피린은 원료물질의 부작용을 없애고 안정적인 치료 및 예방효과를 위해 과학적으로 새로 탄생했습니다. 그렇다면 한의학적 전통에서도 마찬가지일 것입니다. 우리가 보양을 위해 섭취했던 보약, 여러 질환을 치료하기 위해 복용했던 한

약들 역시 원료에 대한 엄밀한 조사를 통해 실제 효과를 내는 물질이 무엇인지 먼저 확인해야 합니다.

그리고 다시 효과를 내는 원인 물질이 우리 인체 내부에서 어떠한 프로세스를 거치는 지도 확인해야겠지요. 이를 통해 만일에 발생할지 모르는 부작용도 미리 파악할 수 있고, 어떠한 형태의 복용법이 더 좋은지도 확인할 수 있을 것입니다. 부수적 효과로 더 저렴한 비용으로 생산할 수 있게 되면 환자들에게도 좋은 일이고요.

기존 이론을 답습하면서 '우리 것이 좋은 것이야'라는 식의 주장만 하는 것은 한의학을 오히려 고사시키는 결과가 될 것입니다. 이 글의 서두에서도 쓴 것처럼 현재 한의학은 위중한 생명을 다루는 분야에선 그 쓸모가 지속적으로 축소되어 있습니다. 다가올 미래에도 보약을 짓기 위한, 삔 다리를 고치러만 가는 한의학이라면 '사람의 생명을 살리는 의학'이라는 본연의 임무와는 조금 멀리 가 버리는 것이 아닐까요?

GMO의 내일

유전자 변형 생물Genetically Modified Organism, GMO은 기존의 생물체 속에 다른 생물의 유전자를 끼워 넣음으로써 이전에는 존재하지 않았던 새로운 성질을 가지게 된 생물체입니다. 모든 생물체는 세포의 핵 내에 DNA를 가지고 있으며, 이 DNA의 유전자 정보를 이용하여 자신의 모습을 만들지요. 물론 인간은 이전에도 다양한 방법을 통해 자신에게 유리한 방향으로 식물이나 동물을 변형했습니다. 밀이며 벼, 닭이며 돼지며 모두 이런 육종의 과정을 거쳐 인간에게 최적화된 형태로 바꾸었습니다. 자연스런 변이의 축적을 통해 기대하는 성질을 가진 생물을 만든 것이 육종이라면, GMO는 그런 과정을 생략하고 필요한 유전정보를 인간이 생물체에 직접 주입한다는 것이 다릅니다.

GMO의 개발 과정은 총 세 단계로 요약할 수 있습니다. 먼저 필요로 하는 유전정보를 가진 생물체에서 해당 DNA를 꺼냅니다. 두 번째로 이 DNA를 박테리아에 집어넣습니다. 세 번째로 박테리아가 이 유전정보가 담긴 DNA조각(플라스미드plasmid라고 합니다)을 우리가 변형시키려는 생물체의 세포 안으로 집어넣습니다. 이런 방법을 아그로박테리움Agrobacterium법이라고 합니다. 유전자 조작에는 이외에도 미세주입법이나 입자총법 등이 있습니다만 주로 이용하는 것은 이 아그로박테리움법입니다. GMO는 대부분 식물, 즉 콩이나 옥수수, 면화와 같은 작물에 주로 사용되며 동물의 경우 연구는 계속되고 있지만 상용화된 것은 아쿠아어드벤티지AquAdvantage 연어 정도뿐입니다.

흔히 GMO를 연상하면 GMO 콩이나 옥수수가 떠오르지만 이런 작물 이외에 의약품 개발에도 응용될 여지가 많은 산업용 미생물도 연구되고 있습니다. 인슐린의 경우 현재 대부분이 유전자조작 미생물을 통해 생산되고 있습니다. 이전에는 돼지나 소, 생선 등의 췌장에서 추출한 인슐린을 사용했지요. 한 사람이 일 년 동안 맞을 인슐린을 위해 돼지 70마리가 필요했습니다. 이 때에 비해 새로운 공법으로는 그 가격이 엄청나게 낮아졌습니다.

또 기존의 동물에게서 추출하던 인슐린은 알레르기 등의 부작용이 있었는데, 이제는 그마저도 거의 사라졌습니다. 당뇨병 환자들에겐 대단히 고마운 존재이지요. 현재 GMO 의약품은 다발성 경화증, 류머티즘, 골다공증, 백혈병 등에 사용되며 B형 간염, 자궁경부암, 파상풍, 디프테리아 등에 대한 백신 제조에도 이용되고 있습니다.[5]

산업용 미생물의 경우 생각보다 쓰임새가 다양합니다. 미국의 지노메티카Genomatica와 듀퐁은 플라스틱과 섬유의 원료인 부탄디올을 GMO 대장균을 활용해 식물의 당에서 합성하고 있습니다. 미국의 바이오엠버BioAmber사는 숙신산succinic acid을 GMO 대장균에서 만들어지는 촉매를 이용해 생산하고 있습니다. 이들은 원래 석유에서 만들던 물질인데 석유 대신 다른 물질을 사용해서 생산하는 것이지요. 또한 세제에 사용되는 효소들인 프로테아제, 아밀레이스, 셀룰레이스, 리파아제 등을 생산하는 과정에서도 GMO 미생물이 사용됩니다. 그 외 식품첨가물로 사용되는 키모신, 리파아제, 아스파라기나아제 등이 있고, 미생물효소도 다수 존재합니다.

그래도 GMO가 가장 많이 사용되는 곳은 작물입니다. 대표적 작물 중 하나는 콩입니다. 우리나라의 경우 콩은 자급률이 꽤나 낮은 편에 속합니다. 2015년을 기준으로 전체 자급률은 9.4%

과학이라는 헛소리

이고 식용 자급률은 32.1%입니다. 콩의 경우 식용 외에도 사료 등으로 사용되는데 국산 콩의 경우 주로 식용으로 사용되기 때문이지요. 수입되는 콩 중 80% 정도가 GMO 작물입니다. 물론 두부나 콩나물 등 사람이 직접 섭취하는 제품에는 GMO 콩을 사용할 수 없습니다. 콩기름이나 간장, 사료의 원료로만 사용할 수 있지요. 콩기름이나 간장은 식용이 아니냐고요? 물론 식용이지만이 두 제품의 경우 원료로 사용된 콩의 DNA나 외래 단백질이 남아있지 않거나 검출이 불가능한 경우이기 때문입니다.[6]

또 다른 대표작물은 옥수수입니다. 옥수수는 자급률이 5%도 되지 않는 작물입니다. 옥수수의 경우 전 세계 재배 면적의 35%가 GMO 작물을 재배하고 있는 것으로 알려져 있습니다. 우리나라의 수입 현황을 보더라도 2010년을 기점으로 식용 작물로 콩보다 더 많은 물량이 수입되고 있습니다. 사료용으로 수입되는 작물 또한 압도적으로 옥수수가 대부분을 차지하고 있습니다.[7] GMO 종자로 전 세계의 공적이 된 몬산토Monsanto사에서 판매하는 종자 역시 절반 이상이 옥수수입니다.

세 번째는 면화지요. 전 세계 재배 면적의 70% 이상이 GMO를 경작하고 있습니다. 특히 인도의 경우 95%가 넘습니다. 인도의 GMO 목화는 2011년을 기준으로 약 10만 제곱킬로미터 규모의 크기로 재배되고 있습니다. 그리고 이 면적은 GMO 목화의 높은 생산성이라는 효과와 함께 계속해서 늘어나고 있지요.

이렇게 GMO는 우리 일상의 많은 부분에 함께하게 되었습니다. 하지만 GMO에 대한 불신은 여전히 남아있지요. 과연 GMO는 인간과 환경에 해로울까요?

GMO는 정말 유해할까?

먼저 말씀드릴 수 있는 것은 현재 GMO 식품을 직간접적으로 섭취한 결과 사람에게 이상이 발견되었다고 공인된 적은 없다는 점입니다. 물론 이에 대해 반론을 제기하는 분들도 있지만요. 사람을 대상으로 실험하긴 어려우니 그 부작용이 나타나지 않았다고 할 수도 있습니다.

지금껏 20년이 넘게 GMO 작물을 이용한 음식을 직접적으로(대부분 콩이나 옥수수 등이지요) 혹은 간접적으로, 즉 GMO 사료를 먹은 가축의 고기를 먹는 방식으로 섭취하고 있습니다만 GMO에 의한 부작용이 공식적으로 채택된 경우는 발견하지 못했습니다. 다만 GMO 초창기인 1989년, 일본의 쇼와전공에서 GMO 박테리아를 이용해 생산한 트립토판tryptophan을 섭취한 미국 소비자들 중 일부가 호산구근육통 증후군에 걸려 37명이 사망한 사건이 있었습니다. 그러나 이 경우 유전자 재조합과정에서 발생한

독소인지 아니면 다른 영향 때문인지 그 원인이 명확히 밝혀지지 않은 채 묻혀버렸습니다.

여러 기관과 연구소가 다양한 GMO 작물을 대상으로 한 실험을 해 왔으며 그 결과 쥐 같은 일부 실험 동물에서 부작용이 보고되었지만 대부분의 경우 실험 자체가 재현되지 못하는 문제가 드러났습니다. 일반적으로 이런 실험결과가 보고되면 동일한 방법으로 다른 연구팀이 다시 실험을 해 보는데 동일한 부작용을 보고한 경우는 거의 없습니다. 또 대부분 일상적인 사용량이라고 보기엔 과다한 양을 투여한 상태에서 나타나는 부작용이어서, 일반적으로 GMO 식품을 섭취하는 사람에게 영향을 줄 것이란 점을 충분히 보여주지 못하고 있습니다. 따라서 동물실험의 경우에도 GMO의 영향으로 나타난 유의미하고 확정적인 부작용은 발견하지는 못했습니다.

1998년 영국 로웨트연구소의 푸스타이Pusztai 박사의 연구 결과에 따르면 렉틴lectin을 만들도록 유전자가 변형된 감자를 먹인 실험 쥐에서 면역계의 손상과 장기 크기의 변화가 관찰된 적이 있습니다. 그러나 이 경우 렉틴 자체가 영양소의 작용을 억제하는 작용을 하고 면역세포에 대해 독성을 갖는 물질이기 때문에, 유전자 조작의 문제라기보다는 렉틴 자체의 문제라고 봐야합니다. 그래서 렉틴 성분이 든 콩의 경우 익히지 않고 날로 먹으면 문제가 생기는 것이지요. 그런 감자를 쥐에게 먹인다면 당연히 탈이 날 수밖에요.

또한 현재 각국 정부가 GMO 제품의 재배 및 유통 등에 대해 실시하는 기준을 보면, 보는 사람에 따라 다를 수는 있지만 꽤 엄격한 기준을 설정하고 있습니다. 경제협력기구, 세계보건기구, 유엔식량농업기구 중심의 정기적 국제회의를 통해 GMO의 안전성에 대한 평가기준과 평가방법이 제시되고 있으며, 우리나라도 1999년부터 유전자 재조합 식품의 안전성 평가 제도를 운영하고 있습니다. 또 식품위생법으로 GMO의 안전성 평가를 의무화하여, 심사를 통과한 제품만 유통되도록 하고 있습니다. 더 나아가 우리나라의 경우에는 GMO의 수입은 가능해도 재배는 전면적으로 불허하고 있기도 하고요. 물론 현재의 기준이 실제로 엄격하게 적용되고 있는지는 별도로 확인해야 하겠습니다.

그렇다면 GMO가 환경에 미치는 영향은 어떨까요? GMO 종자를 사용하는 가장 중요한 이유는 살충제를 덜 쓰고, 제초제를 여유 있게 쓰면서 농사를 짓겠다는 것입니다. 그런데 GMO 종자를 심은 농가를 대상으로 한 조사에 따르면 살충제와 제초제를 합한 농약 사용량이 점차 증가합니다.[8] 제초제에 저항성을 가진 옥수수나 콩 종자를 심으면 주변의 잡초는 제초제에 의해 제거되지만 콩이나 옥수수는 멀쩡하지요. 그래서 안심하고 제초제를 사용하게 됩니다. GMO 종자를 심은 농부들은 그렇지 않은 농부에 비해 더 많은 제초제를 뿌리게 됩니다. 하지만 주변의 잡초라고 당하고만 있지는 않습니다. 제초제에 저항성을 가지는 잡초가 생기고 퍼지지요. 이제 기존의 제초제로는 잡초 제거가 쉽지 않게 됩니다.

종자회사는 다시 새로운 GMO 종자를 개발하지요. 다시 몇 년간 효과가 있습니다만 또 몇 해가 지나면 말짱 도루묵이 됩니다. 그 과정에서 GMO 종자의 변형 유전자가 지속적으로 주변 생태계로 퍼지게 됩니다. 동물은 종이 다르면 짝짓기가 아예 되지 않는 경우가 대부분이고 짝짓기를 하더라도 그 새끼가 불임이 됩니다. 즉 종간 유전자 교환이 거의 불가능하지요. 그러나 식물은 동물과 달리 종간 수평 유전자 교환이 비교적 자유롭습니다. 그래서 GMO 종자의 유전자는 주변의 다른 식물에게 전달될 수 있는 것이지요.

해충을 죽이는 살충제도 상황이 많이 다르진 않습니다. 살충제 성분을 가진 옥수수나 콩 종자를 심으면 초기에는 살충제를 덜 뿌리게 됩니다. 연구에 따르면 많게는 28%에서 적게는 1.2% 정도 더 적게 사용하는 것으로 나타났습니다. 일단 살충제를 적게 사용하는 데는 조금 성공한 듯 보입니다. 그러나 식물보다는 느리지만 해충들도 살충제에 대한 저항성을 가지게 진화합니다.

원래 진화란 것이 그런 것이니까요. 그래서 새로운 GMO 종자가 또 필요해지지요.

중요하게는 이러한 GMO 종자의 사용이 농민들에겐 얼마간 일손을 덜게 하는 효과를 가져왔지만 생산량을 증가시키는 데는 별 다른 효과를 보이지 않고 있다는 점입니다. 미국 과학아카데미National Academy of Sciences 산하 위원회가 유전공학 작물에 관해 펴낸 보고서에서 지적한 바입니다.[9]

또한 제초제 저항성과 살충제 성분을 가진 GMO 종자에 의해 주변으로 변형 유전자가 퍼져나가는 일이 생태계에 어떤 영향을 끼칠까요? 이에 대해 누구도 자신 있게 말하지 못합니다. 어떤 이는 굉장히 심각한 문제라고 하고, 다른 이들은 별 문제가 아니라고 합니다. 하지만 중요한 것은 '문제가 되지 않을 것'이라는 것을 증명할 수 없다는 점입니다. 만약 심각한 문제가 발생하면 그때 가서 이럴 줄 몰랐다고 하면 될까요? 물론 현재로선 아직 커다란 문제가 드러나고 있진 않습니다.

하지만 인류의 생명 및 건강, 그리고 생태계의 안전과 관련된 문제에 대해선 '현재까지'라는 단서를 다는 것이 좋겠다는 생각입니다. 20세기 이후 새로 개발되고 사용된, 신기술이 적용된 제품들의 경우 몇십 년이 지난 후에야 심각한 문제가 발견된 경우가 꽤나 많기 때문이지요. 예를 들면 프레온가스가 그 경우입니다.

현재 문제가 되고 있는 미세 플라스틱의 경우도 마찬가지였습니다. 개발되고도 100년이 지난 뒤에야 미세 플라스틱이 생태계와 인류에게 심각한 위협이 된다는 사실이 밝혀진 것입니다. 따라서 지금까지 별다른 부작용이 보고되지 않았다는 사실이 GMO의 안전을 완전히 보장해 주지는 않을 것이라는 점 또한 알고 있어야겠지요. 이러한 논리에 입각하여 현재의 GMO에 대해 더욱 철저한 검증과 확실한 표시제를 실시하자는 것이 환경단체와 소비자 모임의 주장입니다.

그러나 반론도 있습니다. 과학적으로 100% 안전한 것은 없다는 것이지요. 현재 우리의 처지에서 할 수 있는 최선을 다했다면 그걸 인정해야 한다는 것입니다. 예를 들어 자동차는 위험합니다. 해마다 교통사고가 나고 사망자도 발생합니다. 그래서 여러 가지 안전장치를 하지요. 자동차 제동장치를 더욱 안전하게 개선하고, 안전띠나 에어백 설치를 의무화하고, 도로와 그 주변장치를 더욱 안전하게 만듭니다. 그런 과정을 통해서 자동차 운행 대수가 늘어나지만 교통사고 사망률은 내려가지요. 하지만 100% 안전하지는 않습니다. 그렇다고 자동차를 몰면 안 된다고 할 순 없지요. 100%의 안전만 바란다면 자동차 타기를 그만두는 수밖에 없습니다. 그러나 현재 우리 사회에서 자동차를 배제할 수 있을까요? 배제를 통해 우리가 받게 될 손실이 어마어마하다는 걸 알기 때문에 우린 보다 안전한 자동차 운행을 목표로 하는 동시에 현재의 손실 또한 감수하고 있습니다.

식품도 마찬가지지요. 우리의 건강을 위협하는 것은 GMO 말고도 많습니다. 실제로 위협이 되는지에 대한 검증이 필요한 경우도 많고요. 그러나 이런 주장에 대해 어떤 이들은 현재 인류의 식량 사정에 GMO가 필수적인 것인가에 대해 의문을 표시하기도 합니다.

GMO는 누구에게 효율적인가

GMO 작물 종자를 파는 다국적 종자기업이야 당연히 이익을 얻습니다. 따로 말씀드릴 필요가 없겠지요. 그렇다면 그 다음으로 이익을 보는 이들은 누구일까요? GMO 종자를 이용해서 농사를 짓는 사람들입니다. 소출이 더 늘어나든가 아니면 품질이 향상되든가, 또는 재배 비용이 줄어드는 등의 장점이 있으니 GMO 종자의 이용이 늘어나고, 재배면적이 늘어나는 것이겠지요.

물론 또 다른 지적처럼 종자 시장 자체가 독과점 구조라 다른 선택의 여지가 없다는 주장도 있습니다. 그러나 이는 GMO 종자 면적이 늘어나는 것에 대한 부차적 원인이라 여겨집니다. 물론 다국적 종자기업의 세계적 독과점은 심각한 문제입니다. 이

점을 소홀히 하자는 것은 아닙니다.

일단 재배 비용의 측면에서 합리적 의심이 드는 지점을 말씀드려 봅니다. 많은 분들이 GMO 종자를 파종한 후 일정 시간 동안은 제초제나 농약 사용량이 줄어들다가, 이후 다시 원래대로 돌아간다고 주장합니다. GMO에 대한 저항성이 생긴다는 것이죠. 따라서 농민들이 경제적 이익을 누리지 못한다고 합니다. 이는 앞서 살펴본 것처럼 대부분의 지역에서 실제로 일어나고 있는 일입니다.

그렇다면 왜 GMO 경작 면적이 계속 늘어나는 걸까요? 그 몇 년이 중요하기 때문입니다. 몇 년 동안 실제 살충제 사용량이 줄어드는 것도 있지만 해충 피해가 줄어든다는 것이 더 중요한 지점입니다. 따라서 농사를 짓는 입장에서는 종자 가격이 비싸도 몇 년간은 살충제 비용이 줄고 생산량은 느니 그보다 더 큰 이익을 누리게 되는 것이지요.

또 제초제의 경우 제초제 저항성이 있는 종자를 심음으로써 주변 잡초를 효율적으로 제거할 수 있습니다. 더불어 제초제 사용량은 증가하지만 잡초에 의한 피해를 줄일 수 있다는 점에서 경제적 가치 또한 있는 것이지요. 물론 이런 '경제적 이익'만이 GMO에 대한 판단을 하는 근거가 될 순 없습니다. 다만 GMO 재배 면적이 느는 것에는 이런 경제성이 큰 배경이 됩니다.

이런 경제적 논리 외에 어떤 점이 있을까요? GMO 작물 재배에 찬성하는 입장이 이야기하는 가장 중요한 논거 중 하나가 'GMO가 세계적 식량 위기를 극복할 가장 중요한 대안'이라는 점입니다. 그러나 이는 사실 한 면만을 바라본 것이기도 합니다. 일단 식량 부족 국가는 대부분 가난한 나라입니다. 현재 전 세계 곡물 생산량은 인류에게 필요한 양을 상회하고 있지요. 다만 가난한 나라는 이를 살 돈이 없을 뿐입니다. 물론 현재의 인구 증가 속도가 워낙 가파르니 얼마 있지 않아 식량이 모자랄 것이라는 예측도 있습니다만 이는 현재 우리의 삶이 바뀌지 않는다는 것을 전제로 하고 있습니다. 인류가 현재 처한 여러 문제 중 하나인데, 때문에 우리의 삶의 형태를, 그리고 사회의 형태를 바꿀 필요가 있는 것이지요.

식량 부족 문제의 원인 중 하나가 육류 소비의 증가입니다. 육류 소비량이 곡물 소비량보다 훨씬 가파르게 증가하고 있지요. 주로 중국이 원인이긴 하지만 기존에 가난했던 나라들이 경제 성장을 하면서 자연스럽게 육류 소비가 늘어났습니다. 우리나라도 예전과 비교가 안 될 만큼 늘었고요. 그래서 사육하는 가축의 마리수가 증가합니다. 마리수가 증가하니 사육 면적도 증가하고 더 중요하게는 가축에게 먹일 사료용 작물 재배가 늘어나는 것이지요. 만약 육류 소비량이 줄어들면 식량 부족 문제는 간단하게는 아니지만 해결할 수 없는 문제는 아닐 것입니다. 전 세계에서 가장 많이 재배되는 곡물 세 가지가 옥수수, 쌀 그리고 밀입니다. 콩이 그 다음을 차지하지요. 쌀과 밀이야 인간의 주식이지만 콩과 옥수수는 사람이 먹는 것보다 가축이 먹는 것이 더 많습니다. 소고기 1kg을 먹기 위해 곡물 사료는 7kg이 필요합니다.

사료 이외에도 팜유를 만들기 위해 열대 지역의 농경지는 야자 농장으로 바뀌고, 아보카도가 인기를 끄니 옥수수 농장이 아보카도 농장으로 바뀝니다. 전 세계에서 가장 많이 생산하는 작물 중 하나는 사탕수수입니다. 설탕 소비 때문이지요. 즉 전 세계 농경지 중 식량 이외의 것을 생산하는 곳이 오히려 더 많다는 것입니다. 우리의 소비 패턴과 삶의 양식을 조금만 변화시켜도 이곳들이 밀이나 쌀 등을 재배하는 곳으로 바뀌겠지요. 이런 문제는 놓아두고 식량이 부족해질 것이니 GMO를 도입해야 한다고 주장하면 반쯤은 허황된 소리라고 볼 수 있습니다.

또한 가축이 늘어나는 것은 지구 온난화에도 직접적인 영향을 끼칩니다. 특히 소가 트림과 방구 등으로 내놓는 메탄가스의 영향은 무시할 수 없습니다. 소떼가 내놓는 메탄가스가 전 세계적으로 생산되는 온실가스의 18%를 차지하기 때문입니다.

또 가축을 기르기 위해 숲을 개간하고 목초지를 만들면 그만큼 산소 발생량과 이산화탄소 소모량이 줄어듭니다. 우리가 곡물로 1kg을 섭취할 때 필요한 이산화탄소량과, 고기로 1kg을 섭취할 때 필요한 이산화탄소량은 어마어마한 차이가 있지요. 유엔에서는 지구 온난화를 부추기는 최고 요인 중 하나로 소떼를 꼽고 있습니다.

물론 우리 모두 채식인이 되자는 이야기는 아닙니다. 그렇게 될 수도 없고요. 하지만 육류 소비를 줄이는 것은 필요한 일입니다. 일부 환경단체의 캠페인을 넘어서서 정부와 시민단체의 논의 속에, 체계적인 정책과 홍보를 통해 줄여나가야 합니다. 물론 국제적인 공조도 필요하겠지요. 육류 수출국들이 가만있지 않을 것은 명확한 일이긴 합니다. 하지만 우리가 인류 전체의 미래를 위해 이산화탄소 증가를 막고자 범세계적인 노력을 기울이는 것처럼, 식량문제에 있어서도 이런 다양한 측면에서의 문제 해결에 집중한다면 굳이 GMO를 쓸 이유는 없는 것입니다.

근본적인 문제는 세계 총인구수가 계속 급격히 증가하고 있다는 것입니다. 늘어나는 인구를 감당하기에 지구의 표면은 너무 좁지요. 그러나 각 나라들의 생각은 다릅니다. 인구가 일종의 국력이 되는 시대이니(사실 그렇지 않은 시기는 없었습니다만) 우리나라를 비롯한 모든 나라들이 자국의 인구 감소는 절대 있어서는 안 되는 일이라 생각하지요. 경제적으로도 인구 감소는 자체 시장을 줄이는 일이니 어느 기업이고 환영할 일은 아닐 것입니다. 그러나 중요한 것은 이렇게 늘어난 인구가 육식 위주의 삶 등 현재의 생활방식을 계속 고수한다면 식량 부족 문제는 시간문제라는 것입니다. GMO에 대한 연구나 고민을 할 새도 없이 사용해야만 하는 상황이 올 수도 있는 것이지요.

한편 GMO는 종자 독점의 문제 또한 야기하고 있습니다. 미국에서 1930년 식물특허법이, 1970년 식품품종보호법이 제정되면서 식물에 대한 배타적 소유권을 부여한 것이 그 시작입니다. 1985년 실용특허에 관한 하이버드 판례에선 기업체가 특허권을 소유한 종자를 길러 수확한 경우, 종자의 재파종을 금지합니다. 이에 의해 농민들은 몬산토 종자를 사용하는 경우 '기술 사용 동의서'를 작성하는데 '수확한 콩 일부를 이듬해 파종할 목적으로 보관하는 것을 금지한다'는 내용이 들어갑니다. 이를 어길 경우 대규모 손해 배상 소송이 들어가지요.

몬산토는 현재 종자를 파종하여 얻은 2세대 종자로는 재배가 불가능한 터미네이터 종자에 대한 연구를 하고 있지 않다고 합니다. 그 대신 법과 소송으로 재파종에 제약을 가하고 있는 것은 마찬가지지요. 특히 GMO 종자가 탄생하면서 종자 독점이 심화되었고 그 중심에 몬산토가 있습니다. 몬산토는 전 세계 GMO 특허의 90%를 가지고 있는데 인도 면화의 경우 95% 이상이, 미국의 경우 생산되는 콩의 90% 이상이 몬산토 종자입니다.

다른 산업에서도 독점이 심화되면 독점금지법을 통해 한 기업, 혹은 서너 개의 기업에 의해 전체 산업이 장악되는 것을 막는 것이 상식에 속한 일입니다. 미국의 전화산업도 한국의 발전산업도 독점 기업이 여러 개의 회사로 나눠졌지요. 구글에 의한 인터넷 광고 독점이 심화되자 유럽 등에서 독점 관련 심의를 시작한 것도 마찬가지입니다. 더구나 사람이 살아가는 데 가장 중요한 요소인 작물이라면 말할 나위도 없는 것이지요. 종자의 선택권이 보장될 수 있도록 특정 작물의 종자 독점을 금지하는 방안이 우리나라에서도, 전 세계적으로도 필요합니다.

GMO의 개발은 막을 수도 없고, 꼭 막아야 한다고도 생각하지 않습니다. 어떤 이들은 이러한 기술 개발이 인간의 오만함에서 비롯된 것으로 여기며 이것이 인간에게 독이 될 것이라 이야기하기도 합니다. 하지만 개발되는 기술을 막는 일은 성공한 적도 없고, 그것이 꼭 윤리적이라고 볼 수도 없습니다. 그러나 우리가 그 기술을 선택할 것이냐에 대한 문제는 다릅니다. 선택은 우리의 권리지요. 이를 위해 GMO 여부에 대한 정보는 보다 선명하게 공개되고, 종자 독점의 경우 농업 종사자와 소비자의 선택권을 존중하는 방향으로 관련 정책이 이루어져야 할 것입니다.

과학이라는 헛소리

유기농이라는 환상

농사를 짓는 이들에게 예로부터 세 가지 중요한 문제가 있었습니다. 첫째는 비료 문제입니다. 원래 식물은 광합성을 통해 자신에게 필요한 에너지와 탄수화물을 스스로 생산해 내는 무척 경이로운 존재지만 그럼에도 불구하고 필요한 것이 있습니다. 물과 무기염류이지요. 보통 식물에게 꼭 필요한 원소는 10가지 정도인데 그중 탄소와 산소는 공기 중의 이산화탄소에서, 수소는 물을 통해서 공급받을 수 있습니다. 그 외 중요한 원소는 질소와 철, 인, 마그네슘, 황 등입니다. 물론 필요한 원소는 더 있지만 워낙 소량이라 어떤 흙에서든 공급이 부족한 일은 별로 없습니다.

탄소와 산소 외에 식물에게 가장 중요한 원소 두 가지가 바로 질소와 인입니다. 그런데 이 두 물질은 쉽게 구하기 어렵습니다. 보통 흙속에 포함되어 있기는 하지만 농사를 짓다보면 쉽게 고갈됩니다.

자연상태에서는 이걸 가지고도 몇 년을 유지할 수 있습니다. 그러나 농사를 짓는다는 건 좁은 땅에 작물을 빽빽하게 심어 키우는 것이라 자연상태의 몇 배를 집약적으로 흡수하는 것이어서 쉽게 고갈이 됩니다. 아무리 좋은 흙이라도 몇 년 농사를 지어버리면 지력이 고갈되는데, 이는 20세기 이전 모든 농민들의 고민이었습니다.

이런 상황에서 독일의 프리츠 하버에 의해 암모니아를 합성할 수 있는 기술이 개발되었지요. 이 암모니아를 이용해 요소비료와 질소비료를 만듭니다. 합성비료의 시작이었지요. 농사를 2년 지으면 1년은 땅을 놀려야 되었는데 비료를 뿌리니 매년 농사를 지을 수 있었고, 황무지에도 농사를 지을 수 있었으며, 똑같은 농지에 농사를 지어도 소출이 2배, 3배 높았지요.

농사를 짓는 이들을 괴롭힌 두 번째 문제는 해충입니다. 배추잎마름병, 속깜부기병, 감자 탄저병 등의 병과 벼멸구, 청동방아애벌레, 진딧물, 이화명나방 등의 해충은 농민들의 원수나 다

<hr>

* 책의 200페이지 '비뚤어진 애국심이 만든 비극' 부분을 참조하세요.

과학이라는 헛소리

름없지요. 힘들게 농사를 짓는데 전염병이 돌아 허옇게 말라버리거나 잎에 구멍이 뚫리고, 나락이 맺히지 않으면 속에서 열불이 납니다.

세 번째 문제는 잡초입니다. 기껏 씨앗을 뿌리고 열심히 키우는데, 그리고 잘 크라고 해충도 잡아주고 비료도 주는데 그 땅에 웬 이름도 모를 잡초들이 자라서는 곱게 키운 작물이 자라는 걸 방해하니 말이죠. 동네 사람들이 모여 품앗이를 통해 잡초를 뽑아도 며칠뿐입니다. 뽑고 돌아서면 또 나고, 뽑고 돌아서면 또 나고. 농사는 잡초 제거가 전부라고 하던 이들도 있었습니다.

그러던 와중에 생물학과 화학기술의 발달로 농약이 개발되었습니다. 급격히 공업화가 이루어지던 시기, 농경지에는 언제나 손이 부족했지요. 고된 노동은 감당하더라도 그런 노동으로도 어찌할 수 없는 한계가 있었습니다. 그런데 농약은 이런 일손을 무지막지하게 덜어주는 힘이 되었습니다. 뿌리면 해충이 죽고, 잡초도 말라버렸지요. 여기에 트랙터며 콤바인 같은 농사용 기계들이 개발되면서 농민 한 명이 경작할 수 있는 토지의 넓이가 이전에 비해 기하급수적으로 늘어납니다.

합성비료와 농약, 그리고 농사용 기계의 등장으로 전 세계, 특히나 유럽인들이 필요로 하는 주요 작물을 충분히 생산할 수 있게 되었고 더불어 식료품의 가격도 낮아졌지요. 가난한 노동자들이 부족한 월급으로도 살 수 있는 조건이 만들어졌습니다. 이런 일련의 과정을 녹색혁명이라고 합니다.

그러나 시간이 지나자 이렇게 고마운 합성비료가 반대로 토양에 심각한 문제를 주고 주변 생태계를 파괴하는 문제를 낳는다는 점이 나타났습니다. 밭이나 논에 뿌리는 질소비료의 절반 정도는 식물이나 밭에 남지 않고 물에 씻겨 흘러갑니다. 이렇게 물에 씻겨간 질소 성분은 주변 하천에서 녹조현상을 일으키는 주범이 됩니다. 20세기 이후 녹조현상이나 적조현상이 이전 세기보다 훨씬 더 증가한 데는 이런 이유가 있습니다.

또한 합성비료에서 나온 질소 성분이 물에 녹아 강물로 흘러들어 가고, 강물이 바다로 가면서 합성비료에 의한 해양 오염도 심각해지고 있습니다. 바닷물에 질소 성분이 과도하면 이를 분해하는 과정에서 산소가 고갈되게 됩니다. 질소가 유입되면 플랑크톤이 대단히 빠르게 세포 분열을 통한 번식을 하고, 이 과정에서 엄청난 산소가 소비되는 것이지요.

그리고 이 플랑크톤들이 죽으면 사체를 분해하는 과정에서 또한 산소가 소비됩니다. 산소가 사라지면 물속 생물들도 숨을 쉴 수가 없지요. 이런 지역을 데드존dead zones이라고 합니다. 지난 1960년에서 2000년에 이르기까지 합성비료 사용량은 전 세계적으로 800% 증가했습니다. 이에 따라 데드존도 1960년 이후 10

년마다 두 배씩 늘어나고 있습니다.

현재 생물이 살 수 없는 '죽음의 바다', 데드존은 동중국해와 한반도 남서해를 비롯하여 세계적으로 405군데나 됩니다. 주로 사람들이 많이 살고 농사를 짓는 곳 주변의 연안에 집중되어 있지요. 면적이 24만 5,000km^2에 달하는데 뉴질랜드 전체 면적과 비슷합니다. 또 질소비료에서 발생하는 아산화질소는 온실 가스물질이기도 한데 지구 전체에서 발생하는 아산화질소의 1/4이 화학비료 때문이라는 연구도 있습니다.

20세기 녹색혁명의 또 다른 주역은 농약입니다. 농약은 크게 잡초를 죽이는 제초제와 해충을 죽이는 살충제로 나뉩니다.

그런데 이런 제초제가 식물에만 영향이 있을 리 없습니다. 사람도 먹으면 죽고, 피부에 닿거나 호흡 중에 살짝 들이마시기만 해도 위험합니다. 그래도 지금은 아주 독성이 강한 제초제는 사용이 중단된 상태입니다. 가장 독성이 강한, 그라목손Gramoxone이라 알려진 파라콰트Paraquat는 2012년 사용이 금지되었습니다. 베트남전에 사용되었던 고엽제 또한 마찬가지로 생산도 판매도 금지되었지요. 제초제는 독성에 비해 분해는 비교적 빠르게 이루어집니다. 대부분 흙속의 미생물에 의해 분해가 됩니다.

이 제초제에도 GMO가 등장합니다. 몬산토사가 지금처럼 거대한 기업이 되는 데 혁혁한 공로를 세운 라운드업Roundup이 그것입니다. 몬산토는 1974년 글리포세이트glyphosate를 주성분으로 하는 제초제 라운드업을 출시합니다. 그리고 1996년 라운드업에 저항성을 가진 유전자 조작 콩과 옥수수 종자를 내놓지요. 글리포세이트가 제초 효과는 탁월하지만 작물에도 피해를 주게 되니 이전에는 그리 사용량이 많지 않았습니다. 그러나 글리포세이트 저항성을 가진 종자를 몬산토에서 파니 그 종자를 심고 제초제를 뿌린 것이지요. 옥수수와 콩을 생산하는 전 세계의 농민들이 안 살 도리가 없습니다. 몬산토에서 제초제를 사고 그 몬산토에서 또 GMO 종자를 사는 거지요. 라운드업은 전 세계에서 가장 많이 팔리는 제초제가 되었고 몬산토는 떼돈을 벌게 됩니다.

몬산토로선 GMO 작물 상용화에 최초로 성공한 결과로, 이후 지속적으로 GMO 작물을 개발하는 강력한 계기가 되었습니다. 하지만 잡초들이라고 그냥 당하지는 않습니다. 라운드업에 저항성을 가지는 잡초가 새로 생기지요. 하지만 새로운 잡초가 생기는 것은 몬산토에게 위기가 아니라 오히려 기회입니다. 몬산토는 이 슈퍼잡초를 죽이는 새로운 성분의 제초제를 만들면서 동시에 이 제초제에 저항성을 가지는 종자도 개발합니다. 몇 년을 주기로 이런 일들이 반복되는 것이지요.

그런데 이 라운드업 제초제가 발암물질임이 밝혀졌습니다. 2011년 UN WHO 산하의 국제암연구기관에서 이를 발암물질로 지정했고 2018년과 2019년 두 번에 걸쳐 라운드업이 암을 유발했음을 인정하는 판결이 미국의 캘리포니아 법원과 샌프란시스코 법원에서 이루어졌습니다.

　살충제든 제초제든 곤충이나 식물을 죽이는 성분이 사람에게라고 좋을 리는 없습니다. 생태계에도 마찬가지고요. 농약 중 일부 물질은 발암물질이고 또 먹거나 피부에 닿으면 위험한 성분도 있습니다. 섭취 시 알레르기를 유발하는 물질도 있지요. 하지만 위험에 가장 먼저 노출되는 것은 농약을 살포하는 농민들입니다. 식품을 먹는 우리는 과일이나 채소 곡물 등에 남아있는 잔류농약의 문제를 따져야 하지요. 농약은 살포할 때 일단 몇백 배에서 천 배 정도로 희석해서 뿌려집니다. 뿌려진 농약은 다시 태양빛에 의해 분해되고(광분해), 비에 씻겨 내려가고, 미생물에 의해 분해되며, 기체로 증발되기도 합니다. 물론 그러고도 남는 녀석들이 있지요. 이렇게 남은 농약 성분을 잔류농약이라고 합니다. 이 문제는 어떻게 처리되고 있을까요?

　일단 우리나라를 기준으로 현재 농약 중 맹독성과 고독성 농약, 즉 독성이 아주 강한 농약은 유통 및 판매가 금지되어 있습니다. 일부 농가에 남아있는 재고가 쓰일 순 있겠으나 이 또한 거의 소진되었다고 봅니다. 그래서 우리나라에서 생산하는 작물의 경우 아주 위험한 농약은 그 자체가 존재하지 않습니다.

또 정부의 '농약안전사용기준'을 준수한다면 큰 문제는 없습니다. 정부의 안전사용기준은 각 농약별로 그리고 작물별로 농약의 살포 시기와 횟수를 정리한 것으로 농약 포장지에 인쇄되어 있습니다. 이 기준대로만 살포한다면 우리가 먹는 식품의 잔류농약은 정부가 제시하는 '농약잔류허용기준' 이하가 됩니다. '농약잔류허용기준'은 매일 그 정도의 양을 평생 먹어도 인간에게 전혀 해를 끼칠 수 없는 정도이므로 이 기준을 통과한다면 일단 우리가 먹는 데는 무리가 없다는 결론입니다.

물론 이는 농민들이 '농약안전사용기준' 대로 농약을 사용한다는 전제 아래의 이야깁니다. 실제 상황에 따라서 잡초가 이상하게 무성해진다든가 해충들이 잘 사라지지 않는다면 당연히 평소보다 더 많은 양을 사용할 수밖에 없겠지요. 누가 일일이 옆에서 지켜보며 확인하는 것도 아니니 말입니다.

물론 그래서 잔류농약 검사를 합니다. 각 시도의 보건환경연구원 농수산물 검사소에서는 매달 농수산물도매시장과 마트로컬푸드 등에서 판매하는 식품들을 대상으로 조사를 하지요. 물론 전수조사를 하는 것은 아닐 터지만 통계적으로 봤을 때 국내유통 농산물의 99.3%가 이 기준에 적합한 것으로 나타나고 있습니다.[11] 실제 국내 유통 농산물에 대한 잔류농약 모니터링 논문을 봐도 대부분의 경우 기준을 통과했고 일부 기준을 초과한 제품도 그 정도가 심한 경우는 없었습니다.[12] 이는 50kg 체중의 성인을 기준으로 삼은 것이므로 아이들의 경우 더 강화된 기준이 필요할 수도 있고, 또 아직 그 위험성이 드러나지 않은 경우도 있을 수 있습니다. 하지만 현재로서는 우리나라의 잔류농약 관리가 어느 정도 신뢰가 가는 수준이라고 할 수 있습니다. 물론 그렇더라도 아직 불안함이 가시지 않는 분들이 있을 순 있지요. 가끔씩 언론을 통해 농약 관리에 문제가 있는 경우가 드러나기도 하기 때문입니다.

2017년 네덜란드와 벨기에 당국이 살충제 성분인 '피프로닐Fipronil'이 계란에서 검출되었다고 발표합니다. 이 계란이 유럽 전역으로 퍼져 영국과 프랑스에서도 발견되지요. 뒤를 이어 스위스, 오스트리아, 홍콩에서도 확인됩니다. 그 와중에 우리나라도 친환경 산란계 농장에 대해 살충제 잔류검사를 실시하는데 '피프로닐'과 '비펜트린Bifenthrin'이라는 살충제가 나온 것이지요. 처음엔 두 곳이었지만 조사 과정에서 몇 곳이 더 늘어났습니다. 양계 농가들이 닭진드기를 없애기 위해 강력한 살충제인 이들 약품을 사용한 것입니다. 마트에서 계란 판매가 중단되고, 학교 급식에서도 계란이 사라집니다.[13]

살충제에 의한 피해는 이뿐만이 아닙니다. 해충 대부분이 곤충류다 보니 다른 곤충들도 피해를 보는 사례가 늘어납니다.

요사이 문제가 되고 있는 꿀벌 개체수 감소도 그 원인 중 하나가 살충제일 것이라는 연구결과가 잇따르고 있습니다.[14] 더구나 살충제와 같은 농약은 사람이 먹는 식품에만 뿌려지는 것이 아니어서 이런 경우 관리는 더 소홀해집니다. 대표적인 것이 골프장이지요.[15] 사람의 입으로 들어가는 것이 아니라고 마구 뿌리게 되고, 그 결과 주변으로도 농약이 퍼져나갑니다.

유기농과 친환경 농법

이렇게 비료며 농약이 주는 폐해가 적지 않다 보니 합성비료와 농약을 쓰지 않는 농법에 대해 고민하는 분들이 늘어납니다. 예전 조선시대의 농사로 돌아가자는 것은 물론 아닙니다. 합성비료를 대체할 수 있는, 그러면서도 친환경적인 농법이 여러모로 고민되고 시도되고 있지요.

우리나라에서도 친환경 농산물과 관련하여 여러 제도가 시행되고 있습니다. 정부에서 친환경 농산물에 대해 인증을 내주는 것인데, 인증 기준은 저농약농산물, 무농약농산물, 유기농산물 이 3가지로 분류됩니다.

저농약농산물은 보통 농사를 짓는 데 필요한 화약비료와 농약을 권장하는 양에 비해 1/2 이하로 사용합니다. 또 제초제는 사용하지 않지요. 그리고 농산물에 잔류된 농약의 양이 허용 기준치의 1/2을 밑돌아야 합니다.

이보다 조금 더 친환경적인 무농약농산물은 말 그대로 농약과 제초제를 전혀 사용하지 않고 생산한 것으로, 합성비료는 권장량의 1/2이하로 사용한 것이어야 합니다.

마지막으로 가장 친환경적으로 생산되는 유기농산물의 경우, 다년생작물은 3년, 나머지는 2년 이상의 전환 기간 동안 농약과 화학비료를 전혀 사용하지 않고 재배한 작물에게만 붙여지는 까다로운 기준입니다. 꽤나 노력이 필요합니다. 실제 사례를 잘 살펴보면 친환경 농업이 만만한 것이 아닙니다.

농촌진흥청의 친환경 농산물 생산 우수사례들을 보면 친환경 농업이 관행 농업에 비해 단위 면적당 필요한 노동력과 자재비가 두 배 이상 투입됩니다. 이는 유기농 비료 등에 대한 정부지원금을 감안한 상태의 이야기지요. 그리고 단위 면적당 소출은 '우수사례'의 경우도 관행 농법에 비해 80~90% 정도입니다. 그러나 친환경 농산물이기 때문에 관행 농산물보다 더 높은 가격에 판매가 가능하여 단위 면적당 수익은 약 20~30% 더 큰 편이지요.

하지만 여기에는 함정이 있습니다. 단위 면적당 투입되는 인건비는 결국 농민 개인의 노력을 환산한 것이지요. 따라서 연

---

* 　관행 농업이란 농약과 합성비료를 사용한 기존의 농업을 일컫는 말입니다.

간 투입될 수 있는 노동력을 최대로 했을 때 친환경 농업에 비해 관행 농업이 약 3배가량 더 많은 면적을 처리할 수 있습니다. [16]

따라서 재배할 면적이 충분히 보장이 된다면 친환경 농업에 비해 관행 농업이 신경도 훨씬 덜 쓰일 뿐더러 더 높은 소득을 올릴 수 있습니다. 친환경 농업이 지금보다 더 확산되기 위해서는 농민에게 더 많은 추가적 지원이 필요해지지요. 실제로 우리나라의 친환경 농업 현황을 보면 2012년 정도까지 꾸준히 재배 면적이 확산되다가 그 이후 정체되거나 오히려 조금 감소하는 모습을 보이는데, 그 이유 중 중요한 것이 바로 이러한 경제적 약점이 있기 때문이라 여겨집니다.

더구나 앞서 살펴본 것처럼 관행 농법에 의한 작물이 친환경 농법으로 재배한 작물에 비해 영양성분에서 별 차이가 없고, 잔류농약 문제에서도 큰 문제가 되지 않는다면, 그리고 그런 사실이 소비자들에게 알려진다면 친환경 농산물의 가격도 현재처럼 관행 농산물에 비해 큰 차이를 두기 힘들 수 있습니다.

물론 지난 20년 정도의 노력을 통해 의미 있는 성과를 거둔 것은 사실입니다. 1990년 최고치를 기록했던 농약과 화학비료의 사용량은 2018년 현재 대폭 감소했습니다. 결국 환경 보전을 위해 친환경 농법을 쓰는 것이 옳기는 하지만 이를 위해서는 농민에 대한 지원이 더 커져야 하고, 이런 정책에 대한 국민적 합의 또한 이끌어져야 할 필요가 있겠지요.

흔히 유기농으로 재배한 농산물이 맛이 더 진하다고들 하는 경우가 있습니다. 한편으로는 우리가 이미 유기농 농산물이 질도 좋고 맛도 좋다고 인식한 상태에서 먹기 때문이기도 하지만 일면 사실이기도 합니다.

우리가 먹는 농산물들은 탄소와 산소 이외의 다른 영양분들을 모두 땅에서 얻습니다. 뿌리털을 통해 물을 흡수할 때 물에 녹아있던 영양분들도 흡수가 되는 것이지요. 하지만 생산량을 늘리기 위해서 인과 질소 등이 함유된 비료를 뿌리고 이를 통해 작물이 커 나갈 때에는, 식물에 필요한 아주 미량의 미네랄 등은 부족할 수밖에 없습니다. 비료가 이들 미량의 원소들까지 모두 챙기지는 못하기 때문이지요. 같은 밭에서 매년 비료를 통해 거두는 작물에 이들 미량 원소가 부족하게 되면 그에 따라 여러 가지 현상이 나타날 수밖에 없는데 그중 하나가 맛이 옅어진다고 여기게 되는 현상입니다.

반면 유기농법에서 사용하는 퇴비 등은 이러한 미량 원소들이 풍부하게 들어있으니 그 효과가 있다는 것입니다. 물론 연구자에 따라 서로 말이 다르기도 합니다. 어떤 연구에서는 유기농 제품과 기존 관행 농업제품의 영양성분이 별 차이가 없다고 하고, 또 다른 연구에서는 분명한 차이가 난다고 하지요.

그런데 과연 이런 친환경 농법들은 마냥 좋기만 한 걸까요? 얼마 전 유기농이 오히려 생태계에 악영향을 미칠 수도 있다는 연구결과가 나오기도 했습니다.[17] 간단한 이야기입니다. 작물을 재배하기 위해선 작물이 필요로 하는 성분을 주어야 합니다. 비료지요. 합성비료가 전 세계의 논밭에 뿌려진 것은 싼 가격에 손쉽게 그 성분을 주기 때문입니다.

19세기까지 인류의 농업은 모두 '유기농'이었지요. 퇴비를 만들어 밭에 뿌리고, 경작을 한 후엔 묵히기도 하고, 땅을 깊게 갈기도 하면서 흔히 말하는 '지력'을 보존해 주었습니다. 그러나 그런 모든 활동에도 불구하고 한계가 있었습니다. 그에 비해 합성비료는 효율적이었기 때문에 단기간에 전 세계에 보급될 수 있었던 것이죠. 친환경 농업이 전 세계적으로 확산되려면 현재의 합성비료에 해당하는 정도의 비료를 친환경 비료로 제공해야 할 것입니다.

그러면서도 실제로 농촌의 일손은 더 많이 필요해지겠지요. 친환경 농업을 위해서는 2배에서 3배 이상의 일손이 드는 것이 사실이니까요. 이렇게 일손이 많이 필요함에도 단위 면적당 생산량은 오히려 적습니다. 현재의 농산물 공급량을 유지하면서 친환경 농업을 전면화하려면 결국 농지가 늘어나야 한다는 결론에 이르게 됩니다.

과학이라는 헛소리

그런데 농지를 늘리는 것이 정말 환경에 도움이 되는 걸까요? 관행 농업이 이루어지던 곳을 친환경 농법으로 바꾸는 것은 환경에 도움을 주는 것이 확실합니다만 다른 녹지를 농지로 바꾸는 것은 오히려 생태계를 해치는 일일 수도 있습니다.

또 친환경 농법의 경우 인력 소모가 크고, 그만큼 가격이 더 비싸서 가난한 이들에게는 식비 부담이 가중됩니다. 그래서 가난한 이들은 기존 농법으로 재배된 식재료를 먹고, 부유한 이들만 친환경 농법으로 재배한 식재료를 먹게 된다면 이 또한 모순된 건 아닐까요? 일정한 비율의 상위 소득자만 선택할 수 있는 친환경 농산물이라면 환경에서의 빈부격차는 어떻게 생각해야 할까요? 두부 하나를 사더라도 친환경 non-GMO 표시가 있는 두부는 일반 두부에 비해 두 배 이상 비쌉니다. 이런 지출이 허락되지 않는 가난한 사람들에게 친환경 농산물은 어떤 의미를 가지는 걸까요? 물론 친환경 농산물 생산에 대한 지원을 높여 관행 농법으로 생산한 농산물과 가격을 비슷하게 맞출 수 있다면 하나의 대안이 되겠지만, 이런 정책에 대해선 쉽게 결론을 내리기 힘들 것입니다.

또한 제3세계의 문제도 있습니다. 물론 현재 전 세계의 식량 생산량은 지구에 사는 인류 전체를 먹여 살릴 만큼이 됩니다. 그러나 나라별로 따지면 그렇지 않지요. 당장 북한도 그렇고 아프리카의 많은 나라들이 식량 부족으로 고통을 받고 있습니다. 이런 나라의 농민들에게 단위 면적당 소출량은 적고 노력과 비용은 더 많이 들어가는 친환경 농법을 요구하는 것은 무리가 아닐지에 대해서도 의문이 드는 것이지요.

누군가는 대안으로 옥수수밭을 이야기합니다. 현재 전 세계에서 가장 넓은 면적으로 재배되는 작물은 옥수수입니다. 그리고 그 용도의 대부분은 사람의 입으로 들어가는 것이 아니라 가축의 사료와 바이오디젤의 원료입니다. 만약 우리가 육식을 조금씩 줄인다면 사료 수요도 줄 것이니 옥수수를 키우던 곳에 친환경적 방법으로 다른 작물을 키우면 된다는 주장이지요. 나름 맞는 말씀입니다.

그런데 어디서 옥수수를 키울까요? 2009년 자료에 따르면 전 세계 옥수수 생산량 7억 9천만 톤 가운데 절반이 조금 못되는 3억 3천만 톤을 미국이 생산했고, 중국이 그 다음으로 1억 5천만 톤, 브라질이 3위로 5천 1백만 톤을 생산했습니다. 즉 지금 식량 부족으로 고통 받고 있는 나라와 옥수수를 재배하는 나라는 다르다는 거지요.

그리고 육식 수요를 과연 줄일 수 있을지도 의문입니다. 미국 농무부United States Department of Agriculture, USDA의 통계[18]에 따르면 육식 수요를 줄이는 것은 대단히 힘들 것으로 보입니다. 돼지고기를 필두로 소고기와 가금류 모두 지난 몇십 년 간 꾸준히 생산량과 소비량이 증가하고 있으며 줄어들 기미가 보이지 않고 있습니다. 통계를 꼼꼼히 살피지 않더라도 당연한 일일 겁니다. 먼저 전 세계 인구가 꾸준히 증가하고 있습니다. 일단 먹는 입이 늘면 당연히 소비량이 늘겠지요. 그리고 중국, 인도와 같은 인구 대국의 경제 사정이 나아지면서 1인당 육류 소비량도 꾸준히 증가하고 있지요. 동남아도 마찬가지고요. 우리나라의 경우에도 육류 소비량은 지속적으로 증가 추세입니다. 따라서 가축의 곡물 사료 소비량도 당연히 증가 추세입니다.

물론 유기농도 그 기술이 발달한다면 기존 대비 생산성이 더 높아질 수 있다는 점은 염두에 두어야 할 것입니다. 그리고 기존 관행 농업에서도 품종 개량 등을 통해 점차 농약과 비료를 덜 쓰는 형태로 농업 기술이 진보하고 있는데 이 또한 유기농 운동의 또 다른 결과라고 볼 수 있을 것입니다. 다만 유기농이 전면적으로 도입되기에는 사회, 경제적으로 그리고 기술적으로 넘어야 할 산들이 많이 있다는 사실만은 분명해 보입니다.

천연섬유와 화학섬유

우리가 입는 옷을 만드는 섬유는 보통 크게 두 가지로 나뉩니다. 천연섬유 아니면 합성섬유지요. 대부분의 우리는 합성섬유보다 천연섬유가 몸에도 좋고 환경에도 좋을 것이라 생각합니다. 그런데 과연 정말 그럴까요?

일단 생산량을 한 번 살펴보지요. 2017년 통계를 보면 전체 섬유 생산량 중 합성섬유가 615억톤으로 65.8%를 차지하고, 면이 254억톤으로 27.2%, 레이온아세테이트가 54억톤으로 5.7%, 양모가 11.6억톤으로 1.24%를 차지하고 있습니다. 비단이나 마 등은 전 세계적으로 보면 생산량이 극히 미미합니다. 합성섬유와

면이 전체 생산량의 거의 대부분을 차지하고 있지요.

면은 대표적인 천연섬유입니다. 우리나라에서도 고려시대에 문익점이 중국에서 몰래 들여온 목화씨에서 시작해 대대로 가장 많이 사용되었지요. 전 세계로 봐도 면은 가장 많이 사용되는 천연섬유입니다. '천연' 섬유이기도 하고 또한 '식물성' 섬유이기도 하지요. 식물성 섬유가 면만 있는 것은 아니지만 다른 식물성 섬유에 비해 그 생산량과 사용량이 압도적으로 많습니다. 하지만 우리나라에선 거의 생산이 되질 않아 대부분 수입됩니다. 우리들 대부분은 면섬유에 대해 화학섬유보다 환경에도 이롭고, 몸에도 좋다고 생각하지요. 그래서 속옷의 경우 대부분 면으로 만듭니다. 그 외 간단한 티나 청바지도 모두 면직제품이지요. 이런 면섬유에는 어떤 문제가 있을까요?

면화 생산량을 보면 2011/2012년 시즌에 중국이 730만톤, 인도 590만톤, 미국 340만톤, 파키스탄 230만톤, 브라질 200만톤, 우즈베키스탄이 90만톤을 생산합니다. 이들 6개 나라가 거의 대부분을 생산하는 거지요. 하지만 중국은 세계 최고 생산량을 자랑함에도 불구하고 면화 수입량 역시 세계 최고입니다. 엄청난 인구도 인구지만 세계의 공장답게 면직물 가공도 워낙 많이 하기 때문에 자국에서 생산하는 면화만으로는 수요를 충족하지 못하기 때문이지요. 전 세계 수입량의 약 1/3에 해당하는 양을 수입합

니다. 면화 소비량의 경우 전 세계 소비량의 40% 정도를 차지하고 있지요.[19]

먼저 이 면화는 대부분 GMO 작물이라는 점을 지적하고 싶습니다. 두 번째 문제는 목화를 재배하는 데 엄청난 물이 필요하다는 점입니다. 1kg의 면화를 생산하기 위해서는 2만 리터의 물이 소비됩니다. 서울 시민 한 명이 하루에 소비하는 물의 양이 278리터인 것을 감안해 보면 엄청난 양이지요. 현재의 러시아, 구 소련에서는 각 지역마다 특산작물을 심도록 강요했는데 중앙아시아에는 면화 생산을 강제했지요. 그래서 카자흐스탄과 우즈베키스탄에 걸쳐 있는 아랄해가 끝장이 나버렸습니다. 한때 아랄해는 세계에서 세 번째로 면적이 큰 호수였습니다. 그러나 목화 재배를 위해 물길을 인위적으로 돌려버린 결과 수량이 1/10로 줄어들어 버렸지요. 아랄해의 대부분은 현재 그냥 맨땅입니다. 남아있는 호수도 염분이 높고 중금속과 농약에 오염되어 죽어버린 바다가 되었습니다.

세 번째는 목화 재배에 엄청난 살충제가 필요하다는 것입니다. 목화는 병충해가 심한 것으로 유명합니다. 목화 재배 면적은 전 세계 농지의 5%에 불과한데 살충제는 전 세계 살충제의 25~35%가 소비되지요. 제초제 또한 마찬가지입니다. 땅이 오염되고 물이 오염되지요. 화학비료의 사용 또한 어마어마합니다.

과학이라는 헛소리

미국의 경우 목화밭이 전체 농업 면적의 1%정도밖에 되지 않습니다. 그러나 합성비료와 토양 첨가제, 고엽제 등 화학물질 사용량은 미국 전체 농지의 10% 가까이 되지요. 목화를 재배하는 농민들도 이런 물질에 노출되고 주변 생태계도 황폐화됩니다.

면화는 환경에 미치는 영향뿐만 아니라 다른 문제도 있습니다. 미국을 제외한 나머지 면화 생산국의 주 담당자들은 가난한 소농이거나 소작인들입니다. 특히 우즈베키스탄의 경우 면화 재배가 국가 경제의 핵심 산업 중 하나입니다. 재배된 목화는 모두 국가에서 독점으로 매입합니다. 자신의 밭이라고 목화 대신 다른 작물을 심을 수도 없습니다. 특히 수확철인 9월부터의 3개월 동안은 아이들도 강제로 동원되어 노동을 하게 됩니다. 11살에서 17살 정도의 아이들이 적게는 50만 명에서 많게는 200만 명에 이르기까지 강제로 동원됩니다. 우리나라의 한 기업도 바로 이곳에서 아동노동에 의해 생산된 면화를 사들이고, 현지에 합작법인으로 설립한 방직공장을 통해 수출을 하고 있습니다. 우즈베키스탄의 강제 아동노동은 전 세계적인 공분의 대상이 되고 있지요.

더군다나 면화를 면섬유 제품으로 만드는 데는 보통 20여 단계의 가공 과정을 거치게 됩니다. 그중 표백 과정에서는 다이옥신dioxin이란 발암물질이 발생할 수 있고, 수지가공 과정에서는 발암의심 물질인 포름알데히드formaldehyde가 사용됩니다. 방축

pre-shrinking 과정'에서는 에너지 소모가 많은 액체 암모니아가 사용됩니다. 수질 오염을 일으키는 염색 과정도 있습니다. 그리고 이런 일련의 과정을 통과하면서 섬유에 남아있는 유해 물질이 우리가 옷을 입는 동안 서서히 방출되어 인체에 해를 끼칠 수도 있습니다.

또 하나의 문제는 이런 일련의 과정을 담당하는 노동자들에 대한 문제입니다. 중국이 전 세계 면화 소비량의 40%를 차지한 다고 말씀드렸습니다. 중국의 섬유산업은 1980년대부터 연 평균 30%씩 성장했습니다. 티셔츠 10장 중 6장 이상이 중국에서 만들어지지요. 그 덕분에 티셔츠 가격은 아주 저렴해졌습니다. 농촌에서 몰려드는 농민공들이 낮은 임금과 열악한 처우에도 끊임없이 일자리를 찾아 몰려들기 때문이지요. 이런 섬유 노동자의 삶은 인도, 방글라데시, 파키스탄 등도 마찬가지입니다. 10년 동안 세계 의류 시장은 2배 이상 성장했고, 옷의 실제 가격은 떨어졌습니다. 우리는 더 쉽게 옷을 살 수 있게 되었고, 더 쉽게 버리게 되었지요. 그래서 어떤 이들은 면섬유를 '세상에서 가장 더러운 옷 감'이라고도 부릅니다.

두 번째로 많이 사용되는 천연섬유는 레이온, 즉 인견입니다. 인견이란 말의 뜻은 인조 견직물, 즉 비단과 비슷하다는 뜻으

---

*   세탁 후 옷이 수축하는 것을 방지하기 위해 미리 수축을 시키는 과정

로 쓰이고 있습니다. 영어로는 비스코스 레이온Viscose rayon이라고 합니다. 면 조각이나 나무 종이 등을 화학용제로 녹여내서 실을 뽑아 씁니다. 원 재료가 천연에서 나온 것이니 천연섬유의 일종이라고 볼 수 있습니다. 그런데 문제는 가공 과정이 대단히 위험하다는 것입니다. 가공 과정에서 사용하는 용제들에 의한 노동자들의 산재가 끊임없이 발생합니다.

시작은 미국이었습니다. 1900년대 초 미국의 레이온 공장에서 일하는 노동자들에게 정신병적 장애와 신경증상이 심각하게 나타납니다. 저항과 소송, 재판이 잇달아 일어났고 견디다 못해 레이온 산업은 일본으로 이전됩니다. 그 뒤 일본에서도 이황화 탄소 중독 증세가 나타나면서 공장 노동자들에게서 뇌혈관 장애에 따른 정신장애나 마비 환자들이 나오지요.

그리고 1968년 우리나라가 일본의 기계를 들여옵니다. 이어 원진레이온이라는 회사가 설립되지요. 1980년대에 들어서자 우리나라 역시 직업병 환자가 보고되었습니다. 결국 산재 사망자 8명, 장애 판정자 637명이 발생합니다. 당시의 시대적 상황을 고려하면 산재를 인정받지 못한 사람은 더 많았겠지요. 결국 회사는 1993년 폐쇄되었고 기계는 중국으로 넘어갑니다. 물론 중국에서도 공장을 가동하는 중에 이로 인한 온갖 질병이 한국 못지않게 나오게 됩니다.

지금 우리나라에서 사용되는 인견은 모두 외국에서 생산한 원사를 들여와 가공하고 있습니다. 레이온의 역사는 그곳 공장에서 일했던 노동자들의 모진 삶과 떼어낼 수 없습니다.

세 번째로 많이 사용되는 모직물도 그리 친환경적이진 않습니다. 양을 대량 사육하는 과정에서 온실가스가 발생하고 축산폐수가 발생하지요. 요사인 사육과정에서 양에 대한 학대 문제도 제기되곤 합니다. 가죽이나 오리 그리고 거위 깃털은 더 말할 필요가 없을 정도입니다.

그렇다면 합성섬유는 어떨까요? 면화처럼 물을 많이 쓰지도 않고 독성 살충제나 제초제를 뿌리지도 않습니다만 합성섬유가 완전한 대안이지는 않습니다. 대표적인 합성섬유는 폴리아미드(나일론), 폴리에스테르, 아크릴, 폴리우레탄 등이 있습니다. 폴리아미드, 즉 나일론은 스타킹이나 우산, 수영복, 스키복 등에 주로 쓰입니다. 폴리에스테르는 천연섬유와 섞어 옷을 만드는 데 사용하지요. 흔히 혼방이라고 하면 이 폴리에스테르와 면 혹은 모직을 섞어 천을 짠 것입니다. 아크릴은 양모 대신 사용되며 커튼이나 카펫 등에도 사용됩니다. 폴리우레탄은 흔히 스판이라고 하는 겁니다. 신축성이 좋아 여성 속옷이나 수영복 등에 사용합니다.

이들 합성섬유는 천연섬유에 비해 내구성이 뛰어나 비교적 오래 사용되는 장점이 있긴 하지만 그에 못지않은 문제점도 가지고 있지요. 물론 섬유마다 장단점이 따로 있기 때문에 이들을 섞어서 사용하기도 합니다. 주로 면과 합성섬유의 혼방이 많이 사용됩니다.

합성섬유가 가진 문제점은 무엇일까요? 합성섬유는 대부분 석유로부터 만들어집니다. 그리고 이 과정에서 이산화탄소가 더 많이 발생하지요. 폴리에스테르의 경우 면직물에 비해 이산화탄소 발생량이 두 배가 넘습니다. 2015년의 통계에 따르면 섬유용 폴리에스테르 생산과정에서 약 7억 5천만 톤의 온실가스가 발생했는데, 이는 석탄발전소 185개와 맞먹는 양입니다. 물론 페트병을 수거하는 등 석유화학 제품 폐기물을 재활용해서 합성섬유를 만들기도 합니다. 특히 21세기 이후 플라스틱 문제가 심각한 환경 문제로 대두되면서, 많은 나라에서 기존 플라스틱 제품을 재활용하는 정책이 강력하게 추진되었습니다. 이와 함께 수거된 플라스틱을 이용해 합성섬유를 만드는 비율이 점차 늘어나고 있습니다만, 아직 갈 길이 먼 것 또한 사실입니다.

더 큰 문제는 미세섬유입니다. 합성섬유로 만든 옷을 세탁기로 세탁을 하면 '미세섬유'라고 부르는 매우 작은 섬유 가닥이 나옵니다. 현미경으로나 겨우 보이는 아주 작은, 일종의 플라스틱입니다. 세계자연보호연맹은 요사이 심각한 문제로 떠오르고 있는 해양 오염의 주범 중 하나인 미세 플라스틱 발생량의 35%

가 이렇게 발생한다고 주장하고 있습니다.[20] 미세섬유는 워낙 작아서 하수처리시설에서 걸러지질 않습니다. 즉 전부 강으로, 다시 바다로 흘러갑니다. 이렇게 바다로 나간 미세섬유는 바다에 있는 독성물질을 흡착합니다. 마치 우리 옷에 잉크가 묻으면 지워지지 않는 것과 비슷하지요. 이런 상태로 바다생물에게 흡수됩니다. 일단 생물체 안으로 들어온 미세섬유는 빠져나가지 못하고 축적됩니다. 그리고 이 물고기들이 다시 우리 식탁에 올라오는 거지요. 물고기의 내장에서 이런 미세섬유나 플라스틱이 발견되는 건 이제 아주 평범한 일이 되었습니다. 우리나라 남해 연안은 특히 이 미세 플라스틱 오염도가 세계 최고 수준으로, 거제 진해 앞바다에는 1km^2당 평균 55만 개의 미세 플라스틱이 있다고 합니다. 세계 평균보다 무려 8배나 되는 수치입니다.

그렇다고 합성섬유를 소각할 수도 없습니다. 합성섬유를 소각하는 과정에서 다이옥신과 같은 유독물질들이 엄청나게 나오기 때문이지요. 더불어 이산화탄소도 다량 나오게 됩니다. 만들 때도 이산화탄소가 나오고, 탈 때도 이산화탄소가 나오니 참 문제가 아닐 수 없지요.

결국 문제는 합성섬유냐 천연섬유냐가 아니라 과다소비의 문제입니다. 21세기 들어 패션산업에서 가장 많이 나온 단어 중 하나가 패스트패션(혹은 SPA)입니다. 패스트푸드에서 유래한 말이지요. 유행에 따라 빠르고 값싸게 생산되고 유통되는 옷들입니다. 자라ZARA, 망고Mango, 유니클로UNIQLO 등이 대표적이지요. 당시의 유행을 따르고 가격도 싸니, 유행이 지나면 쉽게 버려지기도 합니다. 삼성패션연구소의 조사에 따르면 국내 SPA 시장규모는 2008년 5,000억 원에서 2017년 3조 7,000억 원으로 10년간 7배 이상 급성장했습니다. 많이들 산 것이지요. 그만큼 많이, 쉽게 버리기도 합니다.

환경부에 따르면 국내 의류 폐기물이 2008년 기준 5만 4,677톤에서 2014년 7만 4,361톤으로 50% 가까이 증가합니다.[21] 우리나라의 경우만 그런 것이 아니라 21세기 들어 전 세계 의류 산업이 10배 이상 커지는데 그에 따라 의류 폐기물도 폭발적으로 증가하지요. 더구나 그 대부분은 패스트패션의 소재인 폴리에스테르입니다. 우리나라의 경우 다행스럽게도 폐기물 처리 방법이 2002년경까지는 소각과 매립이 80% 가까이 되었지만 현재는 60% 이상이 재활용되고 있습니다. 하지만 그렇다고 문제가 해결되지는 않습니다. 이미 만들어진 옷이 재활용된다고 한들 그 과정에서 다시 이산화탄소가 발생하고, 그렇게 재활용된 뒤에는 결국 폐기될 수밖에 없으니까요.

합성섬유건 천연섬유건 옷을 만드는 과정에서는 이산화탄소가 발생하고, 물이 소모됩니다. 환경을 생각한다면 합성섬유나 천연섬유를 사용하는 것 모두가 문제가 됩니다. 중요한 것은 과다하게 많은 옷이 생산되고 소비되며 폐기된다는 점입니다. 우리가 의류 구매량을 줄이고, 이미 구매한 의류를 좀 더 오래 입고, 버릴 때는 재활용이 되도록 하는 것이 최선이란 것이지요.

3장

당신은
'정상'인가요?

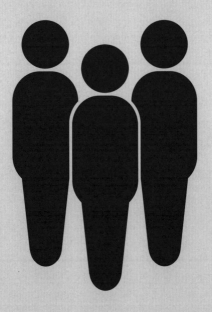

정상과 비정상

　우리는 무엇을 근거로 어떤 사람은 정상normal이고 다른 이는 비정상abnormal이라는 판단을 할 수 있을까요? 예를 들어, 이성애는 정상이고 동성애는 비정상일까요? 오른손잡이는 정상이고 왼손잡이는 비정상일까요? 다섯 손가락은 정상이고 여섯 손가락은 비정상일까요? 170cm의 키는 정상이고 140cm의 키는 비정상일까요? 어떤 성격은 정상이고 어떤 성격은 비정상이라는 이야기는 가능한 걸까요?

　물론 사람들은 모두 다양하고 서로 다르니 무엇을 정상과 비정상으로 나누는 것 자체가 '틀린' 것이라고 생각하는 분들이 대부분일 것이라 생각합니다. 하지만 머릿속 생각과는 달리 우리 사회는 '다름'을 만나는 것을 힘들어합니다. 그래서 구분 짓거나 배제하고, 혐오하거나 이를 교정하려 하지요.

요즘에는 많이 사라졌지만 예전에는 술자리에서 술을 강권하거나, 주량이 많으면 환영받고 주량이 약하면 남들에게 아쉬운 소리를 듣는, 이상한 술 문화가 있었습니다. 사람마다 주량이 다른데 술이 약하다고 한소리를 듣다니, 이상하지요. 우리가 먹는 술은 일종의 독입니다. 그래서 간에서 이를 '해독'해야 합니다.

술의 해독 과정은 먼저 에탄올을 아세트알데히드란 물질로 바꾸고, 다시 아세트알데히드를 아세트산으로 바꾼 뒤, 최종적으로 이산화탄소와 물로 분해하는 과정입니다. 중간산물인 아세트알데히드는 다음날 아침 머리를 아프게 하는 숙취의 주범이고, 아세트산은 술을 많이 먹은 이에게서 나는 쩔은 냄새의 주범이지요. 이 일련의 과정을 각기 담당하는 효소들이 있는데 이 효소들을 가지고 있는 수가 사람마다 다릅니다. 어떤 이에게는 이 효소가 거의 없기도 합니다. 이런 경우 술을 한 잔만 마셔도 응급실로 가게 되는 거지요. 술을 강권하는 문화에서 이렇게 술을 못 마시는 사람은 '비정상'일까요?

오이가 너무 싫어 음식에 든 오이를 빼놓고서야 식사를 하는 사람도 있습니다. 간혹 그런 사람에게 '너무 예민하다, 그냥 참고 먹으라'며 핀잔하는 분도 있습니다. 하지만 페이스북에서는 '오이를 싫어하는 사람들'이란 모임이 있어 회원이 10만 명 이상 이라고도 합니다. 생각보다 꽤 많지요. 김밥의 오이도 골라내서 먹을 정도라고 하더군요. 오이와 친척 격인 참외나 수박까지 먹 지 않는 경우도 있습니다.

이들이 오이를 싫어하는 것은 쓴맛과 향 때문입니다. 저도 가끔 쓴맛이 나는 오이는 먹다 남기곤 합니다. 오이의 쓴맛은 주 로 양쪽 끝에 집중되어 있는데 쿠쿠르비타신cucurbitacin이란 물질 때문입니다. 이름마저 오이cucumber와 쓰다bitter에서 만들어졌지 요. 그런데 7번 염색체에 위치한 유전자 'TAS2R38'의 종류에 따 라 실제로 이 쓴맛에 민감한 사람과 둔감한 사람이 나눠진다는군 요. 결국 유전자에 의해 쓴맛에 민감한 사람이 있는 것입니다. 또 유전적 요인에 따라 특정한 향에 대한 호불호가 갈리는 경우도 있습니다. 즉 오이를 싫어하는 데는 이유가 다 있는 거지요. 다 큰 어른이 음식을 가린다며 뭐라 할 것이 아닙니다.

어찌 보면 사소하달 수 있는 이런 다름에서부터 사회적 문 제가 되는 심각한 다름에 이르기까지, 다름을 '틀림'으로 만들어 다수가 소수를 배제하는 과정을 살펴보겠습니다. 역사적으로 이 런 배제는 손 쉬운 통제를 위한 일종의 의도가 짙게 배어 있다는 점을 잊지 않도록 해야겠지요.

왼손잡이, 정상이 되다

　제가 학교에 다닐 때는 초등학교에 입학하고 나서야 비로소 연필을 잡고 글을 썼습니다. 연필을 왼손으로 잡으면 선생님이 '글은 오른손으로 쓰는 거야'라고 말씀하셨지요. 음식을 먹을 때도 왼손으로 숟가락을 잡으면, '밥은 오른손으로 먹는 거야'라는 잔소리를 들었습니다. 21세기가 한참 지난 지금도 어떤 이들은 왼손잡이를 두고 뭐라 하지요. 그래서 일까요? 이와 관련한 노래도 나왔습니다. '모두 다 똑같은 손을 들어야 한다고 그런 눈으로 욕하지 마. 난 아무것도 망치지 않아, 난 왼손잡이야.' 최근에는 왼손잡이를 '장애'라 하지 않습니다. 그저 다른 것으로 받아들일 뿐이지요.

오히려 21세기에 들어서는 왼손잡이에 대한 시각의 변화가 일어났습니다. 왼손 사용이 우뇌를 발달시켜 창의성을 높여준다는 이야기가 언론 등을 통해서 퍼지기 시작하면서부터였지요. 몇몇 부모들은 아이들에게 왼손을 사용하도록 훈련을 시키기도 했습니다. 사실 이 이야기는 그리 과학적이지 않은 이야기인데도 말이지요. 좌뇌와 우뇌의 기능은 물론 확연히 다릅니다. 좌뇌는 우리 몸의 오른쪽을, 그리고 우뇌는 몸의 왼쪽을 담당하지요. 그러나 이것은 단순히 기능의 차이일 뿐, 흔히 말하는 좌뇌형 인간과 우뇌형 인간이 따로 있다거나 이를 발달시키기 위해 한쪽 신체를 단련한다는 것은 증명되지 않은 가설입니다.

얼마 전 이야기를 나누다 누군가 '동성애가 유전일까'라고 제게 물은 적이 있습니다. 물론 전에도 강연이나 사석에서 많은 분들이 이에 대해 물어보셨죠. '동성애는 유전인가요?' 저는 질문을 하셨던 분들의 의도와 상관없이 질문 자체에 문제가 있다고 생각했습니다. 동성애가 유전이냐는 질문은 꽤 많이 받았지만 '왼손잡이는 유전인가요?'라는 질문은 한 번도 받아 본 적이 없습니다. 왜 그럴까요? 제가 생각하는 이유는 간단합니다. 왼손잡이가 유전이 되는지 아닌지는 별로 중요하지 않기 때문이지요. 만약 지금이 1970년대쯤이면 모르겠습니다만 적어도 지금은 왼손잡이에게 문제가 있다고 아무도 생각하지 않으니까요.

왼손잡이 유전자는 존재할까요? 이전까지의 연구에 따르면 왼손잡이는 전체 성인의 7~10%라고 합니다. 그리고 신체의 다른 현상과의 연관관계도 일부 밝혀졌지요. 우리의 정수리 부분에는 가마가 있습니다. 머리카락이 소용돌이 모양으로 난 중심부분을 말하지요. 그런데 왼손잡이들은 대부분 이 소용돌이 모양이 반시계 방향이더란 것이지요. 그래서 가마를 반시계 방향으로 만드는 것과 왼손잡이 사이에 같은 유전자를 공유하는 것이 아니냐는 의견이 있었습니다. 영국 런던대 심리학 교수 크리스 맥매너스Chris McManus는 이를 가지고 다음과 같은 가설을 세웠습니다.

오른손잡이가 되도록 만드는 유전자 R이 있다. 그리고 아무 역할도 하지 않는 유전자 r이 있다. 부모에게서 둘 다 R을 받은 RR 아이는 모두 오른손잡이가 된다. 부모에게서 둘 다 r을 받은 아이 rr은 오른손잡이와 왼손잡이가 될 확률이 반반이다. 부모 둘 중 하나에게 R을 받고 나머지 한쪽에서 r을 받으면 R이 50%의 확률로 오른손잡이를 만들고 r이 25%의 확률로 오른손잡이를 만들어 75%가 오른손잡이 25%가 왼손잡이가 된다.

그렇다면 부모 모두 RR, 또는 부모가 각각 Rr이거나 rR, 부모 모두 rr인 네 가지 경우를 생각해 보면 오른손잡이가 100%, 75%, 75%, 50%가 되고 왼손잡이는 0%, 25%, 25%, 50%가 된다.

과학이라는 헛소리

전체적으로는 오른손잡이 300%, 왼손잡이 100%로 3:1의 비율이 된다. 하지만 사회의 적응도 등을 따져 유전자 R과 유전자 r의 분포비를 8:2로 계산하면 현재의 왼손잡이 비율이 이해가 된다.

하지만 이 가설은 가설일 뿐 실제 유전자를 발견하진 못했습니다. 그리고 연구자들 중 일부는 왼손잡이가 유전이라기보다 환경의 영향이 크다고 주장합니다. 부모가 왼손잡이일 경우 아이들이 부모를 따라할 가능성이 크고, 따라서 왼손잡이 가계에 왼손잡이가 많이 태어난다는 것이죠. 더구나 대부분이 오른손잡이인 세상에서 왼손잡이는 알게 모르게 여러 가지 차별을 받게 되는데 부모가 왼손잡이일 경우 그런 차별이 최소한 집에서는 존재하지 않으니 아이들이 왼손잡이가 될 확률이 높다고 주장합니다.

한편 다른 연구는 아이가 엄마 배 속에 있을 때 왼손잡이와 오른손잡이가 결정될 수 있다고 합니다. 2018년 독일 보훔 루르대학Ruhr University Bochum의 연구팀과 네덜란드·남아공 공동 연구팀이 각각 발표한 내용에 따르면 왼손잡이와 오른손잡이의 결정은 척수에서 일어난다고 합니다. 과학자들은 임신 8주에서 12주 사이에 태아의 척수 유전자 발현을 연구한 결과 8주째부터 오른손-왼손의 차이를 감지했다고 합니다. 이때부터 왼손과 오른손의 움직임이 비대칭적이라는 것이죠. 그런데 이 시기는 아직 척수가 뇌와 이어지기 전입니다. 즉 오른손잡이와 왼손잡이를 나누는 것은 대뇌가 아니라 척수라는 거지요. 그리고 척수에 의한 비대칭의 근원은 후성학적 Epigenome 요인이었습니다. 후성유전학은 새로운 학문인데, 유전자 자체는 변함이 없는 것으로 보고 다른 요인에 의해 유전자의 발현이 억제되거나 촉진되는 영향을 연구하는 학문입니다. 즉 왼손잡이, 오른손잡이의 결정은 유전자가 아닌 다른 요인에 의한 것일 수도 있다는 것이지요.

아직 왼손잡이와 오른손잡이의 결정이 유전적 요인인지 후성학적 요인인지 아니면 환경적 요인인지는 정확하지 않습니다. 그러나 연구는 연구대로 진행되더라도, 왼손잡이에 대한 인식이 '교정해야 할 대상'에서 '그럴 수도 있다'는 지점까지 나아간 것은 다행스런 일이지요. 물론 아직도 일부 존재하는 잘못된 인식을 가진 분들과, 왼손잡이용 도구가 부족한 것은 개선되어야 할 지점이지만요.

20세기까지만 하더라도 왼손잡이는 차별에 시달렸지요. 우리나라만의 일은 아니었습니다. 일본은 아내가 왼손잡이면 합당한 이혼사유가 되기도 했고, 몽골 사회에서는 저주 받은 이라 여겨졌지요. 고대 로마에서도 마찬가지였습니다. 영어의 right가 오른쪽이라는 뜻과 함께 '맞는, 올바른'이란 뜻을 가지게 된 것도 마찬가지입니다. 오른손은 정상이고 왼손은 비정상이라는 인식이 대부분이었지요. 우리말의 오른쪽이라는 말도 '옳은 쪽'의 변형이기도 하구요.

그리고 이런 차별은 '교정 교육'으로 이어집니다. 비정상적이고 혐오스러운 왼손 대신 오른손을 쓰게 하는 교육이지요. 어떤 아이들은 쉽게 양손잡이가 되지만 어떤 아이들은 아무리 교정을 하려 해도 되지 않는 경우가 많았습니다. 이러한 교정 교육은 아이들에게 큰 스트레스를 안겨 주기도 했지요.

전근대에는 소수에 대한 다수의 우월감과 문화적 상징으로 왼손잡이를 핍박했다면, 산업사회에 이르러서는 제품의 표준화가 왼손잡이를 불편하게 하고 있습니다. 하지만 단지 오른손잡이가 세상에 좀 더 '많고', 왼손잡이는 '적을 뿐'입니다. 그리고 대부분의 사람은 양손을 모두 활용하지, 한 손만 완벽히 편애하진 않습니다. 오른손잡이는 오른쪽이 더 편해 오른손을 더 많이 사용할 뿐이고 왼손잡이도 마찬가지입니다. 아마도 영원히 소수자일 왼손잡이, 이제 비정상이라는 딱지만큼은 떼어내야 할 때입니다.

70억 개의 서로 다른 세계

　　인상파라는 이름의 기원이 된 모네는 수련을 즐겨 그렸죠. 같은 장소에서 같은 수련을 그리는데도 그림마다 다양한 색조와 감정이 느껴집니다. 아침, 낮, 저녁이냐에 따라 다르고, 흐린 날인지 맑은 날인지에 따라서도 다릅니다. 심지어 모네 스스로의 감정에 따라서도 미묘한 변화가 있지요. 수련은 같지만 주변 환경에 따라, 그리고 보는 이에 따라 참 다른 느낌이 납니다.

　　근대 회화의 시조로 불리는 세잔의 그림도 마찬가지입니다. 세잔은 생 빅투아르산Mont Sainte-Victoire을 여러 번 그렸지요. 그림을 보면 거의 같은 장소에서 그렸다는 걸 알 수 있습니다. 하지만 계절에 따라, 또는 하루 중의 시간이나 밝기에 따라 매번 다른 모습을 한 산입니다.

모네의 〈수련〉도, 세잔의 〈생 빅투아르산〉도 모두 그들에게 아주 친숙한 존재를 그린 작품들이죠. 매일 아침저녁으로 일생을 봐 왔던 대상입니다. 그런데 한두 번도 아닌 여러 번에 걸쳐, 그리고 그림마다 대상을 다양하게 그렸던 것은 아마 이 모든 그림이 모여서야 자신이 아는 수련이 되고 생 빅투아르산이 될 수 있다고 여겼기 때문일지도 모르겠습니다. 아니면 날마다 새로운 수련과 생 빅투아르를 발견하고는 이를 그리지 않을 수 없었을지도 모르지요.

그림을 감상하는 입장에서도 마찬가지입니다. 같은 그림이라도 보는 이가 언제, 어디에서, 어떤 마음으로 보느냐에 따라 서로 다른 색감을 보여 줍니다. 참 못 믿을 것이 우리의 눈이구나 싶다가도, 이처럼 다양하게 보이는 게 그림이고 세상이겠다 싶은 생각도 듭니다.

우리는 같은 것을 보는 걸까

우리의 대부분은 망막에 세 가지 원추세포를 가지고 있습니다. 녹원추, 청원추, 적원추세포가 그것입니다. 어느 세포가 더 많이 반응하는가에 따라 색을 구분하지요. 그러나 인간을 포함한 포유류 중 이렇게 세 가지 종류의 원추세포를 가진 동물은 그리 흔하지 않습니다. 영장류와 남아메리카의 일부 원숭이들에게만 해당되는 이야기지요. 나머지 대부분의 포유류는 두 가지 원추세포만을 가지고 있습니다. 개, 고양이, 쥐, 소 등이 그렇습니다. 그래서 이런 동물들은 사람보다 색을 구분하는 능력이 떨어집니다.

물론 이유가 있지요. 포유류는 중생대 내내 야행성 동물로 살아왔습니다. 해가 진 뒤 어두운 곳에서 움직이다 보니 색을 구분하는 일이 그리 중요하지 않았습니다. 하지만 신생대에 들어서서 열대우림의 나무에 주로 기거하던 영장류들은 녹색의 잎들 사이에서 다른 색깔의 열매와 꽃을 구분하는 일이 먹고 사는 데 꽤나 중요해졌습니다. 그래서 돌연변이인 세 가지 원추세포를 가진 일부 개체들이 다른 개체들보다 생존에 유리해졌고, 번식도 더 잘하게 되었지요. 그 결과 이런 무리의 후손들이 더 많이 퍼졌고, 인간의 대부분은 세 가지 원추세포를 가지게 되었습니다.

하지만 두 가지 원추세포를 가진 유전자가 아예 사라진 것은 아니고, 또 돌연변이에 의해서도 나타나기 때문에 우리 중 일부는 원추세포 하나가 부족한 상태로 태어납니다. 혹은 원추세포 자체에는 이상이 없는데 다른 이유로 색깔의 구분을 잘 못 하는 경우도 있습니다. 이런 사람들을 일컬어 증상에 따라 색맹, 색약이라고 하지요. 녹색과 붉은색을 구분하지 못하는 적록색맹, 노란색과 파란색을 구분하지 못하는 청황색맹, 아예 모든 색깔을 구분하지 못하는 전색맹, 구분은 하지만 탁하게 보이는 전색약이 있습니다.

그리고 아주 드물게 원추세포가 네 종류인 사람도 있지요. 이런 이들을 사색자tetrachromat[22]라 합니다. 이들은 구분할 수 있는 색의 종류가 훨씬 더 많습니다. 우리가 그저 녹색으로만 보는 나뭇잎을 이들은 '가장자리를 따라 주황색, 붉은색, 자주색이 보이고, 잎의 그림자 부분에서 보라색, 청록색, 파란색이 보인다'고 표현합니다. 이들은 대략 1억 가지의 색을 구분합니다.

물론 두 가지 원추세포만 가진 사람은 그렇지 않은 사람에 비해 색의 구분 정도가 세밀하지 못합니다. 그러나 세 가지 원추세포를 가진 사람도 사실 색을 구분하는 정도가 사람마다 다릅니다. 각 원추세포의 비율이 사람마다 조금씩 다르기 때문이지요. 같은 사과를 봐도 내가 느끼는 사과의 색과 타인이 느끼는 사과의 색이 다르다는 뜻입니다.

우리나라를 비롯한 동아시아 사람들은 서양 사람들에 비해 초록색과 파란색을 세밀하게 구분하지 않습니다. 푸른 하늘, 푸른 바다, 그리고 푸른 숲이라고 하지요. 나뭇잎의 녹색과 파란 하늘의 파란색을 혼용해서 씁니다. 실생활에선 녹색 신호등을 보통 파란불이 켜진다고 하지요. 파랑, 빨강, 노랑, 하양, 까망 등은 고유어가 있지만 녹색은 한자에서 기인한 말로 순우리말이 없는데, 그 이유도 이와 관련이 있지요.

색의 구분은 시대별 차이도 있습니다. 요즘 우리는 무지개가 일곱 가지 색깔이라고 하지만 조선 시대까지만 하더라도 무지개는 '오색 무지개'였습니다. 우리나라만의 이야기는 아닙니다. 유럽에서도 무지개는 빨간색, 노란색, 초록색, 파란색, 보라색(제비꽃색)이었습니다. 미국에서는 무지개를 여섯 가지 색으로 인식했지요. 아프리카 짐바브웨의 소나Shona 부족의 경우 무지개를 빨강, 노랑, 파랑 이 세 가지 색으로 구분합니다. 무지개가 일곱 가지 색으로 구분되기 시작한 것은 뉴턴에 의해서입니다. 그는 도레미파솔라시의 7음계에 따라 다섯 가지 색의 구분에 주황과 남색을 넣어 일곱 가지 색을 만들었습니다. 시대에 따라 색의 구분 정도가 달라져 온 것이지요.

현대의 우리는 예전 사람들보다 색 구분을 더 잘합니다. 다양한 색깔을 가진 염료의 발달 때문입니다. 우리의 삶은 물감과 페인트 염료들로 칠해져 있습니다. 흔히 회색 콘크리트의 도시라고 하지만 예전의 삶에 비하면 우리가 보는 색은 훨씬 더 많아졌지요. 온갖 색깔의 네온사인은 도시의 밤을 수놓고, 상품들은 저마다 다양한 색과 채도, 명도로 혼합되어 우리를 유혹합니다. 우리가 입는 옷은 또 얼마나 다양한 색감을 가지고 있는지요. 20세기 이후 우리의 삶은 더 다양한 색채에 익숙해지도록 훈련받아 왔고, 그 결과 우리의 색채 감각은 이전 사람들에 비해 대단히 뛰어나지게 되었습니다.

초등학교에 입학하면 사게 되는 물감이나 크레파스도 40색이 넘는 경우가 흔하지요. 미술이 정규 과목이 되면서 대부분의 아이들이 색채에 대한 훈련을 받게 된 것도 큰 역할을 합니다. 예전엔 그냥 파랑이었는데 이제 우리는 파랑과 남색 정도의 구분을 넘어 네이비 블루, 마린 블루, 스카이 블루, 아쿠아마린, 시안, 인디고 등 아주 다양한 푸른색을 구분할 수 있게 되었습니다. 그만큼 다양한 색을 구분하도록 어려서부터 훈련이 된 까닭이지요. 그래서 지금은 자신이 색맹이나 색약이라는 것을 아주 어릴 때부터 알게 되지만 예전에는 성인이 될 때까지 모른 채 살기도 했습니다. 아주 심한 색맹이 아니라면 이것이 삶에 큰 영향을 주지 않았던 것이지요.

낮에는 괜찮은데 밤만 되면 다른 이보다 사물이 잘 보이지 않는 분들도 있습니다. 이러한 현상이 일시적인 경우도 있고 영구적인 경우도 있지요. 낮에는 괜찮다가 밤에만 문제가 생기는 건 왜일까요? 우리 눈에는 원추세포 외에 간상세포라는 시각세포가 있습니다. 원추세포는 빛의 양이 많을 때, 즉 밝을 때 자극을 주로 받아들이고, 반대로 빛의 양이 적을 때, 즉 어두운 곳에서는 이 간상세포가 빛을 받아들입니다. 다만 간상세포는 색을 구분할 순 없어서 물체의 형태만 알 수 있지요. 밤에 잠이 깨어 방 안을 둘러보면 책상이며 옷장, 책장 등이 보이지만 그 색은 잘 알아볼 수 없는 이유가 그 때문입니다. 이 간상세포에 이상이 생기면 어두운 곳에서 사물을 구분하기가 힘들어집니다. 심하면 야간에 운전도 하지 못하는 경우가 있지요. 그런데 이 야맹증이라는 것도 정도의 차이가 있는 것이어서 어떤 이는 아주 살짝만 증세가 나타나지만, 어떤 이는 증상이 아주 심해서 걷기도 불편한 경우가 있습니다.

우리가 사물을 본다는 것은 눈으로 들어온 빛을 감지하는 것 이상의 일입니다. 망막의 시각세포가 받아들인 자극을 전달받는 뇌의 부위는 여러 곳입니다. 어떤 곳에선 사과를 보고 사과라는 기억을 떠올립니다. 물체의 형상과 이전의 기억을 비교하여 내가 보고 있는 것이 어떤 사물인지 확인하는 일을 하지요. 또다른 곳에선 위치를 파악합니다. 받아들인 빛의 자극으로 공간을 재구성하는 거지요. 또 다른 영역에선 이전의 상과 지금의 상을 비교하여 사물의 변화를 감지하기도 합니다. 대뇌의 어느 한 곳에서 시각에 대한 모든 것을 처리하는 것이 아니라 여러 영역에서 각기 자신이 맡은 일을 처리하는 겁니다. 따라서 망막의 시각

세포가 제대로 기능을 하더라도 대뇌로 가는 신경세포나 대뇌 자체에 문제가 있으면 이상 증상이 나타납니다. 이런 경우를 중추성 시각 장애라고 합니다.

그러나 이 경우도 칼로 무 자르듯이 장애와 장애가 아닌 것을 명확하게 구분하기가 힘듭니다. 정도가 심한 경우는 장애로 판명하기 쉽지만 중간 어림 쯤 되는 분들도 꽤 있지요. 어떤 사람은 공간 파악력이 다른 사람에 비해 아주 빠르고, 어떤 사람은 이를 잘 파악하지 못하기도 합니다. 또 어떤 이는 이전에 본 얼굴을 잘 기억하고, 어떤 이는 잘 기억하지 못하지요. 어떤 이는 숨은그림찾기를 잘 하고, 다른 이는 그만큼 잘 하지 못하는 것도 이런 차이들이 있기 때문입니다.

이처럼 우리의 '본다'는 행위에는 망막의 시세포의 다양한 분포와 비율, 그리고 중추신경에서의 차이들 때문에 모든 이들에게서 다양한 층위가 나타납니다. 미술관에 가서 그림 하나를 보더라도 모두가 다른 방식으로 보게 되는 것이지요. 더구나 어떤 이들은 글자를 보면 색채가 느껴지기도 하고, 모음을 발음하면 색깔이 보이기도 합니다. 다음에서는 이러한 이들에 대한 이야기를 해 보려 합니다.

공감각의 세계

공감각이라는 말을 들어보셨나요? '짙은 노란색 향기가 났다'라는 식의, 서로 다른 감각을 함께 표현하는 것을 공감각적 표현이라 하지요. 그런데 우리들 중에는 실제로 이를 느끼는 경우가 있습니다. 프랑스의 천재시인으로 유명한 랭보Rimbaud가 대표적인 예입니다. 그의 〈모음〉이란 시 일부를 잠시 인용해 볼까요.

검은 A, 흰 E, 붉은 I, 푸른 U, 파란 O: 모음이어
언젠가 너의 보이지 않는 탄생을 말할 것이다
A, 악취 주변을 소리내어 윙윙거리는
터질 듯한 파리들의 검은 코르셋

어둠의 만(灣); E, 순백의 안개와 천막,
창 모양의 당당한 빙하들; 하얀 왕자들, 산꽃들의 살랑거림
I, 자주색의 조개들, 게워낸 피, 회개의 도취인가
분노 속에서 웃는 아름다운 입술인가

U, 우주의 주기, 바다의 푸른 물결
가축들이 흩어져 있는 목장의 평화,
연금술사의 넓은 이마에 새겨진 주름살들

O, 날카로운 소리들로 가득 찬 최후의 나팔 소리,

온 세계와 천사들을 가로지르는 침묵,

오, 오메가여, 신의 눈의 보랏빛 테두리여

'검은 A, 흰 E, 붉은 I, 푸른 U, 파란 O' 랭보는 이렇게 모국어의 모음에서 색을 봅니다. 그저 비유가 아닌 실제로 말입니다. 이렇게 하나의 감각기관에 자극이 주어졌을 때 그 자극이 다른 영역의 자극을 불러일으키는, 감각 기능의 전이 현상을 공감각synesthesia라고 합니다. 뇌의 신경세포 연결 상태가 조금 다르면 이런 현상이 나타납니다.

우리의 뇌와 감각기관은 신경으로 연결되어 있습니다. 그런데 감각 정보는 대뇌의 해당 영역으로 바로 가는 것이 아니라 간뇌의 시상이란 부분에 모입니다. 이들을 종합하여 대뇌피질로 연결하는 중계핵이 시상이기 때문이지요. 여기에서의 연결이 어떻게 되느냐에 따라 둘 이상의 감각기관에서 보낸 정보가 섞여 대뇌피질로 전달되기도 합니다. 이런 경우 어떤 이는 소리에서 색을 느끼기도 하고, 또 어떤 이는 냄새에서 색을 느끼기도 합니다. 사물의 형태에서 색이 보이기도 하고 시간 단위로 색이 보이기도 하지요. 이러한 공감각은 그 종류가 60가지가 넘는다고 알려져 있습니다.

원래 과학자들은 이런 공감각이 실재하는 것이라기보다는 그것을 느끼는 개인의 주관적 경험이라고 생각했습니다. 그러나 연구가 진행되면서 공감각이 일부 사람들에게는 실재한다는 사실이 밝혀졌지요. 네덜란드의 뇌과학자 시몬 피셔Simon Fisher 박사는 2018년 공감각을 불러일으키는 유전자를 발견합니다. 그는 세 가족을 조사하여 그중 5명의 공감각 체험자와 1명의 비체험자로부터 유전변이가 일어났음을 발견합니다. 이들은 특정 유전자를 통해 소리와 색상을 교차하여 인지하는 능력을 가지고 있었지요. 이 실험 참가자들로부터 6개의 변종 유전자를 발견했는데, 이들이 공통적으로 가지고 있는 변종 유전자가 시각 및 청각과 관련한 뇌피질의 발달에 큰 영향을 미쳤다는 것입니다.[23] 그 결과 이들의 신경세포들이 보통 사람들보다 촘촘하게 연결되어 있다는 사실을 확인합니다.

이런 공감각을 가진 이들은 특히 예술 분야에서 많이 알려져 있습니다. 팝송 〈피아노맨〉으로 유명한 싱어송라이터 빌리 조엘은 글자에서 색을 본다고 합니다. 그 외에도 화가 반 고흐와 칸딘스키, 작가 오르한 파묵, 블라디미르 나보코프, 가수 레이디 가가 등이 공감각자들이었습니다.[24] 아무래도 이들의 공감각 경험이 예술로 나타나는 것이겠지요. 공감각자들을 대상으로 한 호주의 한 조사 결과에 따르면 그들 중 24%가 미술 관련 직종에 종사하고 있다고 합니다. 보통 사람들의 2%보다 월등히 높지요. 그런데 이렇게 공감각을 느끼는 이들이 우리 중 1% 정도는 된다고 하는 연구결과도 있습니다. 심지어 어떤 연구에서는 전체의 2~4%가 공감각을 느낀다는 결론을 내리기도 합니다.[25] 물론 공감각을 느끼는 것은 유전적 요인 이외에도 마약이나 뇌 손상, 감각 박탈, 최면 등으로도 발생할 수 있습니다.

다른 것이 당연합니다

이처럼 감각은 모든 사람들에게 공통되게 동일하기 보다, 서로 다른 것이 오히려 당연합니다. 청각의 경우도 마찬가지지요. 귀 안쪽에 있는 달팽이관에 촘촘하게 나 있는 청각세포들은 제각기 다른 진동수의 음파를 감지하고, 이에 따라 우리는 높은 음과 낮은 음을 구분하여 듣지요.

그런데 이들 청각세포의 분포비율도 사람에 따라 아주 조금씩은 서로 다릅니다. 더구나 나이가 들어감에 따라 높은 음에 반응하는 청각세포가 차츰 사라지지요. 그래서 나이가 들수록 높은 음을 들을 수 없게 됩니다. 돌고래들은 인간이 들을 수 있는 소리의 한계 즈음의 음을 내는데, 보통 스무 살이 넘는 사람들은 이 소리를 들을 수 없습니다. 하지만 열 살 미만의 아이들의 경우에는 대부분 그 소리를 들을 수 있지요.

또 음파를 달팽이관으로 전달하는 과정에서 이를 증폭시키는 역할을 하는 것이 귓속뼈인데, 이 모양도 모두가 완전히 똑같은 것은 아니어서 사람에 따라 증폭의 정도가 다릅니다. 고막의 경우도 마찬가지지요. 우리는 모두 같은 음을 듣는다고 생각하지만, 결국 음의 세기나 높이 등과 관련하여 저마다 조금씩 다르게 듣고 있는 것입니다. 인간은 세기가 약한 음을 잘 듣지 못하는데 이 또한 사람마다 그 한계가 다릅니다. 듣지 못하는 정도가 심하면 가는귀가 먹었다고도 하고, 거의 들리지 않으면 청각 장애라합니다. 나이가 들수록 세기가 약한 음을 듣는 능력 또한 줄어들지요. 보청기를 끼는 노인의 비율이 젊은이들에 비해 월등히 높은 것은 이 때문입니다.

청각은 훈련에 따라서도 달라집니다. 보통의 사람들은 악기가 협연을 할 때 신경을 곤두세워 들어야 각 악기의 소리를 들을 수 있지만 숙련된 음악인들은 오케스트라의 연주에서도 각 파트의 소리를 아주 쉽게 구분하지요. 심지어 어떤 이들은 별다른 훈련 없이 구별하기도 합니다. 음정의 높이 또한 잘 구분하지 못하는 사람과 칼같이 구분하는 사람이 있습니다. 박자도 마찬가지지요. 저처럼 박자를 잘 못 맞추는 박치가 있는가 하면 비트를 아주 정확하게 쪼개는 분들도 있습니다. 이런 현상은 후각과 미각, 촉각에서도 마찬가지입니다. 선천적인 차이와 후천적 훈련의 결과로 우리는 저마다 독특한 감각 세계를 가집니다.

우리들의 감각은 우리가 아는 것처럼 '오감'이 아닙니다. 귀의 안쪽에는 세반고리관과 전정기관이란 작은 장치가 있습니다. 세반고리관은 세 개의 작은 고리로 구성된 기관인데 여기에서 우리는 몸의 회전을 느낍니다. 회전 방향도 함께 파악하지요. 앞구르기나 옆구르기 등을 할 때 혹은 자신이 탄 차가 회전할 때 우리는 이곳에서 어느 방향으로, 또는 어느 만큼의 빠르기로 움직이는지를 파악합니다. 전정기관은 기울기에 대한 감각입니다. 중력을 느끼는 것이지요. 우리 몸이 앞으로 기울거나 옆으로 기울 때 쓰러지지 않고 균형을 잡을 수 있는 것은 바로 이 기관이 기운 정도를 파악하기 때문입니다.

또 관절과 근육, 힘줄의 움직임을 파악하는 감각도 있습니다. 이를 심부감각deep sensation이라고 합니다. 이를 통해 우리 몸의 각 부분이 어떻게 움직이는지를 대뇌가 파악하게 됩니다. 내장감각visceral sense은 우리 몸안의 내장이나 가로막 혈관, 골막 등에서 느껴지는 감각입니다. 가끔 머리가 무겁거나 가슴이 답답한 느낌 혹은 내장의 통증이 느껴지는 것은 바로 이 때문이지요. 또한 이 감각은 우리가 먹은 음식물의 성분을 감지하여 뇌에 전달하는 역할도 합니다.

이런 다양한 감각기관들은 사람마다 그 분포 상태나 비율이 모두 조금씩 다릅니다. 이에 따라 사람들은 동일한 자극에 대해서도 다른 느낌을 가지게 되지요. 결국 70억 명의 사람이 살고 있는 지금 우리의 지구에는 70억 개의 서로 다른 감각 세계가 있는 것입니다.

물론 그 극단에는 특정 감각을 아예 느낄 수 없는 이들도 있지요. 하지만 이 수많은 스펙트럼 중에서 어디를 꼭 짚어 '정상'이라고 부를 수는 없고, 또 그래서는 안 되는 것이라 생각합니다. 더구나 다수를 점하고 있는 쪽에서 소수를 '비정상'이라 여기는 것은 어찌 보면 혐오의 시작이라고도 볼 수 있지요. 앞서 왼손잡이 이야기를 했듯이 말입니다. 그리고 사회 전체가 소수자에 대해 배려를 하는 것은 시혜가 아니라 당연한 일인 것 또한 우리가 중요하게 생각해야 할 부분입니다.

건널목에서 신호등이 바뀔 때, 초록색과 적색을 구분할 수 있는 사람만 제대로 이용할 수 있다면 문제가 있는 것입니다. 색을 볼 수 없는 이를 위해 신호등에 걷는 사람과 서 있는 사람 모습을 그려 넣은 것은 그 때문이지요. 신호등을 보기 힘들거나 아예 볼 수 없는 사람을 위해 음성을 통해 신호의 바뀜을 알려 주는 것 또한 같은 이유입니다. 이제는 우리나라 건널목 어디에서나 볼 수 있는 이런 풍경이 사실 얼마 되지 않았다는 걸 아시나요?

제가 젊었을 때만 해도, 신호등은 그저 색깔로만 구분되었고 음성 지원은 되지도 않았지요. 그만큼 감각의 특성이 다양한 사람들에 대한 우리 사회의 배려가 늘었다고 볼 수도 있습니다. 하지만 아직 많이 미흡하지요.

특히 우리의 색각 '이상'에 대한 무지는 평균적 색감각과 다른 색감각을 가진 이들에게 취업이나 교육 기회를 제한하는 사회적 차별로 이어지고 있습니다. 연구에 따르면 우리나라의 색각 이상자는 전체 남자의 약 5%, 여자의 0.4% 정도입니다. 숫자로 따지면 남성은 약 121만 명, 여성은 약 10만 명 정도입니다. 남자가 많은 이유는 색각 이상을 유발하는 유전자가 성염색체X에 존재하기 때문입니다. 남자는 성염색체가 XY라서 X염색체 하나에만 이상이 있어도 바로 색각 이상이 나타납니다. 여자의 경우는 성염색체가 XX이니 둘 중 하나에 이상이 있어도 나머지 하나가 그렇지 않으면 나타나지 않지요. 보통 부모 둘 다 색각 이상 유전자를 가진 경우는 드물다 보니 여성의 경우는 잘 나타나지 않는 것입니다.

색각 이상을 발견하는 가장 쉬운 방법은 가성동색표(보통 안경원 쇼윈도 유리에 걸려 있는, 여러 가지 색이 점점이 찍혀 있는 동그라미 속 숫자를 읽을 수 있는지를 파악하는 그림)를 이용하는 것입니다. 보통의 경우 이 검사를 이용하지요. 그런데 이 방법에는 문제가 하나 있습니다. 색각 이상자 '모두'가 이 검사를 통과할 수 없다는 것이지요. 왜냐하면 색각 이상을 가진 사람을 '모두' 확인하기 위해 만든 표이기 때문입니다. 그러나 실제 업무나 교육 현장에서는 색각 이상의 정도에 따라 정말 불가능한 업무도 있지만 가능한 업무나 교육도 많습니다. 실제로 영국이나 미국의 경우 '완벽한 색각'을 요구하는 것은 아주 특수한 몇몇 경우에 한정됩니다. 다만 우리나라는 그렇지 않지요. 이유는 색각 이상에 대한 이해가 부족하기 때문입니다.[26]

공무원을 예로 들면 2004년 통계를 기준으로 전체 공무원 채용에서 교사를 제외한 약 60만 명 중 색각 이상에 제한을 두는 경우는 약 1/4 정도가 됩니다. 주로 경찰 공무원과 소방 공무원, 직업 군인 등의 채용에 제한을 둡니다. 상대적으로 시력이 중요한 직렬들 위주이기는 하지만 꽤 많은 직렬에서 색각 이상에 제한을 두고 있습니다. 그러나 자세히 들여다 보면 이러한 채용 방침에는 일종의 맹점이 존재합니다. 모두가 같은 종류의 색각 이상을 가진 것이 아니기 때문입니다.

색각 이상은 그 종류에 따라 단색형색각, 이색형색각(보통 색맹이라고 하는데 아예 색 구분을 하지 못하는 것은 아니니 정확한 표현이라고 할

수는 없습니다), 이상 삼색형색각(보통 색약이라고 합니다)으로 나뉩니다. 각각은 다시 어떠한 색깔을 잘 구분할 수 없나에 따라서 나뉘고, 이상 정도에 따라서도 나뉘지요. 그러나 지금 가장 흔히 쓰이는 가성동색표로는 이러한 구분이 불가능합니다. 물론 이런 구분이 가능한 다른 검사방법은 있지요.

어찌되었건 개인마다 색각 이상의 정도가 서로 다르다 보니, 보다 정밀한 검사를 통한다면 채용에 정말 문제가 되는 경우와 그렇지 않은 경우를 더 확실히 나눌 수 있을 것입니다. 그런 경우 더 많은 색각 이상자들의 취업 폭이 넓어지겠지요. 하지만 이러한 과학적 조사를 통해 더 많은 사람들에게 기회를 줄 수 있다는 인식이 현재는 부족한 실정이지요. 다른 분야에서도 마찬가지겠지만 말입니다. 이런 인식의 변화는 개인의 노력을 기다리기보다 정책으로 시작될 때 더 큰 변화가 있을 것입니다.

과학의 역할도 있을 것입니다. 색맹 시뮬레이터 같은 경우가 대표적이지요. 네이버는 컬러오라클Color Oracle이라는 시뮬레이션 프로그램과 실제 색각 이상자들과의 협업을 통해 지하철 노선도를 새로 만들었습니다. 새로 만들어진 지하철 노선도는 방향성 있는 곡선과 직선을 사용하고, 색상을 조정하고, 외곽선을 삽입하고, 환승역에 정보를 표기하는 등의 방법으로 색각 이상자들이 노선도를 무리 없이 사용할 수 있도록 만들었습니다. 그 결과 이전의 노선도보다 색각 이상자들이 원하는 경로를 찾는 시간이 반 이상 줄어들었습니다. 그리고 일반적인 사람들도 경로를 찾기가 훨씬 수월해지는 부수적 효과도 거두었지요.[27]

다수와 소수의 문제

많은 사람들이 자신과 반대인 성에 대해 성적 매력을 느낍니다. 남자는 여자에게, 여자는 남자에게 성적 매력을 느끼지요. 하지만 모든 사람들이 그런 것은 아닙니다. 같은 성을 가진 이에게 성적 이끌림을 느끼는 사람들도 있지요. 이를 동성애라고 합니다. 그리고 남자와 여자 모두에게 성적 매력을 느끼는 양성애자도 있습니다. 2018년 겨울에 인기를 끈 영화 〈보헤미안 랩소디〉의 프레디 머큐리가 대표적인 인물이지요. 그 외에 어떤 이들에게도 성적 이끌림을 느끼지 않는 무성애자도 있습니다.

생물학적 성별은 성기의 형태, 성염색체, 생식샘, 성호르몬,

생식기관 등을 통해 태어날 때 이미 정해집니다. 전형적인 남성의 경우, 외부 생식기가 남성형이고, 정소를 가지고 있으며, 테스토스테론 등의 남성 호르몬이 분비되고, 성염색체가 XY입니다. 전형적인 여성이라면 외부 생식기가 여성형이고, 난소와 자궁을 가지고 있으며, 에스트로겐과 프로게스테론 등의 여성 호르몬 분비가 활발하며, 성염색체는 XX입니다. 이런데 이런 전형성을 가지지 않는 경우도 많습니다.

먼저 성염색체가 다른 경우입니다. X염색체를 하나만 가진 XO, 염색체가 XXY로 세 개가 있는 경우, XYY로 세 개가 있는 경우, XXX로 세 개가 있는 경우 등이 이에 해당합니다. 좀 더 드물게는 XXXX, XXXY, XXYY, XYYY, XXXYY, XXXXY, XYYYY도 있습니다. 또 여성형 생식기와 남성형 생식기가 같이 있는 경우도 있으며, 외부 생식기는 남성인데 생식기관은 정소가 아니라 난소를 가진 경우도 있습니다. 혹은 난소와 정소가 같이 있는 경우도 있지요. 안드로겐 수용체 유전자 이상으로 XY염색체를 가졌지만 남성의 1차 성징이 나타나지 않는 경우도 있습니다. 이렇게 전형적인 남성형이나 여성형과 다른 경우는 꽤 많이 있습니다. 가장 많은 경우인 XXY염색체를 가지는 경우는 남자 신생아 500명 중 한 명꼴입니다. 우리는 성의 구분이 생물학적으로는 100% 명백할 것이라고 생각하지만 꼭 그렇지만도 않은 것이지요.

많은 사람은 태어날 때 가지고 태어난 자신의 생물학적 성별biological sex과 동일한 성정체성gender identity을 가집니다. 즉 생물학적 남성은 자신을 남성으로 인식하고, 생물학적 여성은 스스로를 여성으로 인식하는 경우가 가장 많습니다. 이런 경우를 시스젠더cisgender라고 합니다. 그러나 적지 않은 사람들이 그와 반대의 성정체성을 가지기도 합니다. 이런 경우를 트랜스젠더transgender라 하지요. 생물학적 성별과 정신적 성정체성이 서로 다른 경우입니다. 그러나 성정체성은 꼭 남성과 여성으로만 나뉘지는 않습니다. 생물학적 성이 남성, 여성 외에 간성이 있는 것처럼 젠더에도 남성, 여성 외에 남성과 여성이 혼합된 안드로진Androgyne, 어떠한 성별도 가지고 있지 않은 에이젠더Agender, 두 성별이 유동적으로 변하는 젠더플루이드Genderfluid 등 다양한 성정체성이 있다고 합니다.

이러한 성적 취향의 다양성과 성적 정체성의 다양성은 사람에게서만 나타나는 것이 아닙니다. 다른 동물들에서도 흔히 나타나지요. 우리는 동물의 경우 보통 암컷과 수컷 이 두 종류만 있다고 생각합니다. 그러나 거의 대부분이라고 해도 좋을 정도로, 동물에게서는 전통적인 암컷과 수컷 그리고 전통적 짝짓기 이외의 경우를 자주 볼 수 있습니다. 천수만을 가득 물들이는 철새 무리를 관찰해 보면 항상 수컷끼리 혹은 암컷끼리 짝을 지어 둥지를 짓는 커플을 볼 수 있고, 혹은 어떤 수컷이나 암컷의 구애도 거부하는 새들을 볼 수 있지요. 또 암수를 가리지 않고 짝짓기를 하려는 녀석들도 있습니다. 아메리카 들소들의 무리에서도, 아프리카 사바나 초원의 누Gnu떼에서도, 시베리아 벌판의 순록에게서도 마찬가지로 관찰되는 현상입니다.

특히 집단생활을 하는 대부분의 동물들에게 동성애는 '자연스럽게' 관찰되는 현상입니다. 소와 말, 순록도 물개도 침팬지도 마찬가지입니다. 어떤 이는 이에 대해 의문을 가집니다. "자손을 만들지 못하는 동성애가 진화적으로 말이 되는 이야기인가? 이는 일종의 돌연변이가 아닌가, 그리고 이는 '자연스럽지 못한 일'이 아닌가?" 하지만 자연을 찬찬히 살펴보면 그렇지 않다는 사실을 알 수 있습니다.

본질적으로 짝짓기sex는 번식reproduction을 목적으로 하지 않습니다. 보다 다양한 유전자를 종 내에 퍼트리는 것이 주된 일이지요. 이를 유전자 재조합genome recombination이라고 합니다. 지구상에 처음 등장한 생명은 세포 하나로 이루어진 단세포생물이었습니다. 거의 30억 년 정도의 기간 동안 지구상에는 이 단세포생물들만 살았지요. 그리고 이들에게 번식과 유전자 재조합은 별개의 일이었습니다. 이들에게 자손을 퍼트리는 일, 즉 번식은 세포 분열을 통해 이루어졌습니다. 따로 파트너가 필요하지 않았지요. 그저 열심히 영양분을 축적하여 세포를 둘로 나누면 그것으로 개체가 하나에서 둘로 늘어나니까요. 그리고 몇 번의 번식과 세포 분열을 하고 나면 이들은 같은 종류의 다른 친구와 만나 여러 가지 방식으로 유전자를 교환합니다. 즉 짝이 필요한 이유는 서로 간에 유전자를 교환함으로써 종species의 유전형질을 보다 다양하게 만드는 유전자 재조합 때문이었습니다.

그러다가 다세포생물이 출현하면서 번식과 유전자 재조합을 담당하는 기관이 별도로 발달하게 되지요. 바로 생식기관입니다. 인간에게는 남성의 정소와 여성의 난소가 바로 그것입니다. 식물의 경우는 암술과 수술이 되겠지요. 그리고 정소에서 만들어진 정자를 난소의 난자에게 보내는 방법으로 체내수정과 체외수정이 발달하게 됩니다. 비로소 번식과 유전자 재조합이 하나의 행위 안에 이루어지게 되었지요.

그러나 그 후로도 식물과 동물에게서 유전자 재조합을 배제한 번식은 끊임없이 나타납니다. 식물은 뿌리로, 줄기로, 잎으로도 새로운 개체를 만들어 낼 수 있지요. 흔히들 영양번식이라고 부르는 일입니다. 동물의 경우도 히드라나 말미잘 등은 출아법 등의 방법으로 번식을 하고, 유전자 재조합이 필요할 때만 짝짓기를 하기도 합니다. 척추동물의 경우에도 포유류와 조류를 제외한 거의 모든 종류에서 처녀생식 등의 방법으로 유전자 재조합이 없는 번식을 하고 있는 것을 발견할 수 있습니다. 물고기도, 도마뱀도, 개구리도 암컷이 짝짓기 없이 혼자 알을 낳고 그 알이 부화하여 새로운 세대를 만드는 경우를 흔하게 볼 수 있습니다. 즉 짝이 필요한 유전자 재조합과 별개로, 노력과 에너지를 덜 들이고도 자손을 퍼트릴 수 있는 방법을 찾은 것이지요.

또한 짝짓기는 진화 과정에서 같은 종 내 사회관계의 양육과 경쟁, 서열짓기 등과 결부된 가장 기본적인 행위 중 하나로 발전하기도 합니다. 집단생활을 영위하는 동물들 사이에서 짝짓기가 기존의 번식과 유전자 재조합 외에 서로 간의 커뮤니케이션 도구로 사용되는 것도 어찌 보면 당연한 이야기지요.

생태계에서 짝짓기를 하는 행위는 그 자체로 위험한 일일 수 있습니다. 짝짓기를 하며 서로에 열중하다 보면 천적에 의해 사냥당하기 일쑤지요. 그래서 알을 낳는 등 생존의 위험을 줄여줄 방식이 등장하기도 했습니다. 하지만 그럼에도 불구하고 모든 동물은 짝짓기를 일생의 목표처럼 갈구합니다. 왜 그럴까요? 뇌가 발달하지 못한 동물의 경우 본능에 의해 짝짓기가 이루어집니다. 즉 외부 위험에 노출이 되건 말건 일정한 시기가 되면 호르몬이 분비되고, 이 호르몬의 명령에 따라 짝짓기가 이루어지는 것이지요. 곤충도 지렁이도 조개도 마찬가지입니다. 진화가 이들을

___

* 졸저 『짝짓기 생명진화의 은밀한 기원』에 이러한 내용이 자세히 나와 있습니다.

이렇게 만들었지요. 짝짓기를 통해서 조금이라도 많은 자손을 남기는 쪽이 생태계 내에서 더 많은 지분을 차지하게 되고, 이런 과정이 반복되다 보니 본능과 호르몬을 통해 미친 듯이 짝짓기를 하는 종들이 남게 된 것입니다.

하지만 뇌가 발달하여 본능보다는 학습에 의해 배운 것이 더 우세한 동물들의 경우 이런 본능만으로는 짝짓기를 유도하기가 힘듭니다. 그래서 오르가즘이란 것이 생겨났습니다. 오르가즘은 짝짓기라는 위험하고 개체 스스로에겐 별다른 이익도 없는 행위에 대한 일종의 보상이자 유혹이 됩니다. 그리고 이 오르가즘은 번식이라는 목적보다 더 강력하게 짝짓기라는 행위를 강제하지요. 물론 호르몬에 의한 본능도 이를 거드는 것은 확실합니다.

어찌되었건 이렇게 오르가즘의 기쁨을 아는 동물들이 집단을 형성하게 되면 양상이 달라집니다. 집단을 이루는 동물에게 가장 중요한 것은 집단 속에서 자신의 위치를 인정받고, 관계를 우호적으로 유지하는 커뮤니케이션입니다. 열대우림의 숲에 사는 영장류들이 대표적입니다. 집단을 이루는 침팬지들은 천적이 거의 없습니다. 표범마저도 무리를 이루는 침팬지에게는 덤비지 못하지요. 집단을 유지하는 한, 침팬지는 우림의 왕입니다.

따라서 여하히 집단을 유지하는지 그리고 집단 내에서 자신의 위치를 공고히 하는지가 생존과 번식에 가장 중요한 관건이 됩니다. 그래서 다양한 의사소통 행위가 나타나지요. 울음소리, 얼굴 표정, 특정한 행동 등을 통해 경쟁과 서열짓기를 하고, 우정을 나누며, 협력을 합니다. 그리고 이런 커뮤니케이션의 수단으로 성적 행위가 이용되기도 합니다. 침팬지에게 성행위는 번식의 목적이기도 하지만 집단 내에서의 자신의 위치를 확인하는 행위이기도 합니다. 침팬지와 유사한 영장류인 보노보의 경우는 이러한 성향이 더 심해서 시도 때도 없이 짝짓기를 합니다. 이를 통해 서로 간의 유대를 돈독하게 하고, 집단의 결속을 다집니다. 다른 포유류 집단의 경우도 마찬가지여서 다양한 성적 행위가 일종의 커뮤니케이션 수단으로 활용됩니다. 그리고 이러한 성적 행위는 동성과 이성을 가리지 않지요.

우리 인간 종 또한 마찬가지입니다. 이런 진화적 과정을 거친 인간 또한 성적 행위를 일종의 커뮤니케이션으로 사용하고 있지요. 하지만 인간의 경우 성적 행위를 '타인' 앞에서 하는 것은 엄격하게 금기시되었습니다. 따라서 인간의 성적 행위는 둘만의 특별한 커뮤니케이션이 됩니다. 우리 인간은 이미 성적 행위를 번식과 무관하게 사용하는 경우가 절대 다수지요. 부부가, 연인들이 모두 번식을 위해 성적 행위를 하진 않습니다.

동성애적 특징 또한 일반적으로 집단을 이루는 포유류가 가진 특징으로 인간 역시 공유하고 있습니다. 그리고 그 과정에서

과학이라는 헛소리

신체적 성 정체성sex과 정신적 성 정체성gender이 같기도 하고 다르기도 하며, 사랑을 느끼는 대상 또한 다양한 차이를 나타내게 되었지요. 이것 또한 인간이라는 종이 가진 다양성의 한 측면이 됩니다.

이전에는 전형적인 남성성과 여성성 그리고 이성간의 성애 말고는 모두 '비정상'이자 '질병'이고 '범죄'였습니다. 그러나 이제는 일부 국가나 종교를 제외하면 동성애를 범죄로 보지 않습니다. 이전처럼 동성애를 질병으로 보던 경향도 사라졌습니다. 미국과 유럽을 비롯한 거의 대부분의 나라에서 동성애는 치료해야 할 병이 아닌 개인의 특성으로 받아들여지고 있지요. 그리고 정신의학과나 심리학과 등에서도 동성애를 치료하려는 행위는 의학적 행위가 아니라고 단호하게 말하고 있습니다. 세계정신의학협회World Psychiatric Association, WPA는 다음과 같이 말합니다.

선천적인 성적 지향이 바뀔 수 있다는 어떠한 타당한 과학적 근거도 없다. 더 나아가, 이른바 동성애 치료라는 것은 편견과 차별이 확산되는 환경을 조성할 수 있으며, 잠재적으로 해로울 수 있다(Rao and Jacob 2012). 질환이 아닌 것을 '치료'한다고 주장하면서 제공하는 모든 개입intervention은 전적으로 비윤리적이다.[28]

이제 이성애자가 다수이고 동성애자가 소수라고는 말할 수 있지만, 이성애가 정상이고 동성애는 비정상이라고 말하는 것은 '틀린' 것입니다. 독일의 대표적인 문화이론가 클라우스 테벨라이트Klaus Theweleit는 『호모포비아: 알 수 없는 그 무엇』에서 이렇게 이야기합니다.

'.. 말하자면 각각의 성은 모두 다르며 개별적인 인간만큼이나 많은 성들이 존재한다는 것이다. .. 이제 70억의 '변태'들에게 그들의 권리를 부여해 주기 위해서 노력해야 한다는 것이다.'[29]

과학이라는 헛소리

4장

나는
'정상'인가요?

잘 알지도 못하면서

가끔 뉴스에서 정신장애를 가진 이들과 관련한 사고 소식이 보도되면 댓글에 이들에 대한 '관리'와 '격리'를 주장하는 글들이 꽤 많이 달립니다.

하지만 먼저 생각해 볼 점이 있습니다. 우선 정신장애를 어떻게 판단할 것인가에 대한 문제입니다. 그리고 정말 그것이 '장애'인지에 대해서도 살펴볼 부분이 있습니다. 또 이들이 과연 위험한지, 또는 격리되어야 할 대상인지에 대해서도 다시금 확인해야겠지요. 우리가 정신장애라고 이야기하는 증상 중 일부에 대해서는 인간의 다양성 중 하나로 인정해야 한다는 주장도 있습니다.

이 장에서는 지능지수에 대해서도 살펴보려고 합니다. 누구나 한 번쯤 받아봤을 IQ검사는 우리의 지적 능력을 정말 객관적으로 보여주는 것일까요? 또 IQ가 높으면 학습 능력도 과연 같이 커지는 것인지도 궁금한 사항이지요. 그와 더불어 누가 언제, 왜 지능지수 검사를 시작했는지, 또 이를 어떻게 악용했는지 등에 대해서도 살펴보려 합니다.

인간의 정신은 아직 미지의 영역이 많이 남아있지요. 그래서인지 인간의 정신과 관련된 다양한 속설들이 우리들에게 많은 영향을 미치고 있는 것도 사실입니다. 하지만 이런 상황을 이용해 혐오를 조장하거나, 다른 이들을 배제하는 것은 과학을 넘어선 윤리의 문제이기도 합니다.

누구나 한 번쯤 미쳤었다

불안장애, 공황장애, 조현병, 조울증, 우울증 이렇게 다섯 가지가 가장 흔하게 나타나는 정신질환이라고 합니다.

건강보험심사평가원의 자료에 의하면 2017년 기준 우울증 환자는 68만 명, 불안장애 63만 명, 공황장애 14만 명, 조현병 12만 명, 조울증 8.6만 명으로 모두 합치면 대략 166만 명 정도입니다.[30] 물론 이 중에는 여러 증상이 겹치는 사람들도 있을 테지만, 진료를 받은 사람만을 기준으로 삼은 만큼 진료를 받지 않은 이들까지 합친다면 더 많지 않을까요? 166만 명을 기준으로 본다고 해도, 대략 우리나라 국민 30명 중 한 명이 해당되는 셈입니다.

가끔 조현병 환자에 의한 사고가 생길 때면 '저런 사람을 돌아다니게 하면 되냐'라는 여론이 생기곤 합니다. 그러나 정신질환자에 의한 사고가 과연 그렇게나 위험한 걸까요? 대검찰청과 보건복지부 자료에 따르면 2015년 인구 10만 명당 범죄자 수는 전체 평균 68.2명인데 비해 정신질환자 대비 범죄자 수는 33.7명으로 그 비율이 절반이 되지 않습니다.[31] 그렇다면 정신질환을 이유로 감형이 되는 등 처벌을 피할 수 있을까요? 대검찰청 통계에 따르면 정신질환 강력범죄자의 기소율은 49.9%로 전체 강력범죄 기소율 47.8%보다 오히려 높습니다. 구속되어 재판에 넘겨지는 경우도 18.4%로 전체 평균 14.3%보다 높지요. 정신장애가 있는 이들이 일반적인 사람보다 경찰이나 검찰에서 자기 변호를 제대로 하기 힘든 것도 그 이유 중 하나일 것입니다.

　　이렇게 설명을 드려도 정신장애가 있는 이들은 제대로 생활을 할 수 없으니 격리시켜야 하는 것이 아니냐고 생각하시는 분들이 있을 것입니다. 정신장애인들을 가두기 시작한 것은 실제로 얼마 되지 않습니다. 현재 나이가 40이 넘는 분들은 어렸을 때 동네를 돌아다니는 정신장애인들을 쉽게 보았던 기억이 있을 겁니다. 별반 위험하다는 생각도 없었지요. 이는 우리나라만의 일은 아니었습니다. 16세기 르네상스 시기까지 유럽에서 '광인'은 대부분 방임의 대상이었고 심지어 이들을 찬양하기도 했습니다. 광인을 신과 소통하는 이라고 봤지요. 가끔 문제가 생기면 마을에서 추방하는 정도였습니다. 감금은 없었지요.[32] 17세기 중반부터 '비정상인'을 감금하기 시작했습니다. 18세기 말이 되어서야 정신병원이 생겼지요. 이들은 감금과 치료의 대상이 되었습니다. 우리나라의 경우 1995년 정신보건법이 제정되고 나서야 보호의무자와 정신과 전문의, 행정기관 등을 통해 본인의 의사와 무관한 강제 입원이 본격적으로 시작되었습니다.

우리나라의 정신병원 강제 입원 비율은 70% 수준이고 평균 입원 일수는 230일이 넘습니다. 최소한 OECD에서는 최악의 상황입니다. 하다못해 2014년 UN장애인권리위원회가 한국 정부에 '정신보건법'을 개정하고 정신장애인 인권을 개선하라고 권고하기까지 했으니 말입니다.

격리 혹은 강제 입원은 무슨 문제가 있는 걸까요? 문제는 정신질환자를 치료 가능한 환자로 보는 것이 아니라 '정상사회'에서 격리시키고 분리해야 할 대상으로 보는 것이지요. 일단 이런 시각 자체도 문제지만 그에 앞서 정신 이상을 판단하는 기준에는 문제가 없는지 먼저 살펴보도록 하겠습니다.

'정신 이상'은 누가, 무엇을 근거로 판단하는 걸까요? 가장 널리 쓰이는 것은 정신장애 진단 통계 편람Diagnostic and Statistical Manual of Mental Disorders, DSM입니다. 미국 정신의학협회American

Psychiatric Association가 출판하는 서적으로 총 여섯 차례 개정되었습니다. 1952년 2차 세계대전 참전 군인들의 정신 상태와 장애를 판단할 기준을 마련하기 위해 출간되었습니다. 가장 최근의 개정본은 2013년판으로 DSM-5입니다. 그런데 이 기준 자체에 대해 여러 사람들과 단체들이 비판을 가하고 있습니다. 애초에 정상과 비정상의 구분이 아닌, 전쟁에 참여할 수 있느냐 아니냐를 구분하기 위해서 시작된 것이었고, 이것이 현재에 와서는 진단 인플레이션과 의료화를 부추기고 있다는 비판이 있는 것이죠.

DSM-5의 집필 책임자였던 알렌 프랜시스Allen Frances는 그의 책『정신병을 만드는 사람들Saving Normal』에서 DSM이 일시적이고 일상적인 심리 증상 다수를 정신질환으로 규정한다고 주장합니다. DSM을 무조건 맹신하는 의료 현장, 정신병을 판매해 큰 수익을 거두는 제약업계가 어떻게 오늘날의 정신병 과잉을 불러왔는지를 파헤칩니다. 그는 책의 서문에서 다음과 같이 쓰고 있습니다.

"어느새 나는 그들이 DSM-5에 삽입하자고 제안한 새로운 장애들 중 다수가 내게도 해당된다는 것을 깨달았다. 내가 맛있는 새우와 립을 게걸스럽게 먹는 것은 DSM-5의 '폭식장애'였다. 내가 사람들의 이름과 얼굴을 잊는 것은 DSM-5

의 '약한 신경 인지 장애'에 해당되었다. 내가 느끼는 걱정과 슬픔은 '혼합성 불안/우울 장애'로 통할 것이었다. 아내가 죽었을 때 느꼈던 애도는 '중증 우울증'이었다. 나는 지나치게 활동적이고 산만하기로 유명한데, 그것은 '성인 주의력 결핍 장애'의 분명한 신호였다. 고작 한 시간 동안 옛 친구들과 화기애애하게 잡담을 나눈 것뿐인데도 나는 새로운 DSM 진단을 다섯 개나 얻었다. 나의 여섯 살 난 일란성 쌍둥이 손자들도 잊지 말자. 그 아이들의 짜증은 이제 그냥 성가신 면이 아니라 '분노 조절 곤란'이었다." [33]

물론 DSM에 대해 늘 비판만 있는 것은 아닙니다. DSM이 변화하는 과정은 나름대로 정신의학이 보다 과학화되는 과정이기도 했습니다. DSM-3은 그 변화의 모습을 상징하는 것이기도 하지요. 1980년대에 개정된 DSM-3는 정신의학에서 프로이트주의적 정신분석이 밀려나고 생물정신의학의 시대가 도래했음을 보여 주는 상징적인 사건이었습니다. 물론 2차 세계대전 이후 생물정신의학은 꾸준히 입지를 넓혀왔고 프로이트주의는 입지가 점점 좁아져갔지요. 생물학의 발달과 의학의 발달은 선험적인 정신분석 이론과 개연성에 기초한 기존의 정신분석을 내몰았습니다. 20세기 말이 되어서는 프로이트식 정신분석이 더 이상 마음과 뇌의 문제를 해결하는 과학적 혹은 의학적 방법으로 인정받지 못하는 신세가 되었습니다.

또 사회적 인식이 바뀌면서 이전까지는 정신장애에 속했던 동성애 등이 더 이상 정신질환이 아니라는 것 또한 DSM의 변화를 통해 확인됩니다. 이제 어떤 전문가도 동성애를 장애 혹은 질환이라고 여기지 않는 것이죠. 그리고 이전까지는 질환으로 여겨지지 않았던 외상 후 스트레스 장애post-traumatic stress disorder, PTSD나 우울증 등이 치료해야 할 질환으로 새로 등재되기도 합니다. 이제껏 제대로 된 치료를 받지 못하던 이들이 제대로 된 치료를 통해 다시 사회생활을 영위할 수 있게 되었습니다.

중요한 것은 DSM은 대상의 현재 상태를 보여줄 뿐이라는 것입니다. 즉 DSM은 조현병, 우울증, 조울증 등의 현상이 나타나고 있다는 것을 보여줄 뿐이며, 그 이유에 대해 설명하는 것이 아니라는 것이지요. 여러 정신장애에 대해서는 현재도 연구가 진행되고 있으며 명확히 어떤 원인이 밝혀지진 않았습니다. 주요 다섯 가지 정신질환이 공통의 문제에 기인한다는 연구결과도 있습니다만, 뇌의학은 아직도 어찌 보면 초기 단계에 머물러있다고 볼 수 있습니다.

중요한 점은 이들 정신질환자들이 격리되어야 할 존재가 아니라 사회생활을 누릴 권리를 가진 인간이라는 것이죠.

신경다양성

발달장애란 나이에 맞는 신체적, 정신적 발달이 이뤄지지 않은 상태를 말합니다. 그러나 일반적으론 정신적 발달장애를 주로 이야기하지요. 우리나라의 '발달장애인 권리보장 및 지원에 관한 법률'에서는 지적장애와 자폐성 장애를 발달장애로 보고 있지만, 자폐성 장애만 발달장애로 보기도 하고, 지적장애, 자폐성 장애, ADHD, 경계선 지능, 학습장애를 폭넓게 발달장애로 보기도 합니다. 이 책에서는 자폐성 장애에 한정하여 이야기하도록 하겠습니다. 물론 자폐증도 하나가 아니며 여러 가지 질환이 있습니다. 자폐증, 고기능 자폐증, 아스퍼거 증후군, 아동기 붕괴성 장애, 비전형 발달장애 등이 넓은 의미의 자폐증에 포함됩니다.

자폐성 장애를 확인하기 위해서는 '전반적 발달 평가 척도 Global Assessment Scale for the Developmentally Disabled, GAS'가 주로 쓰입니다. 그러나 이는 진단을 위한 검사 도구가 아니라 진단과 관계없이 현재의 기능 상태만을 평가하는 것입니다. 즉 현재 기능이 이 정도라는 것을 보여주는 것이지요.

유투브에서 'in my language'로 검색을 하면 8분이 조금 넘는 분량의 동영상이 있습니다. 영상에는 여성이 한 명 나옵니다. 뜻을 알 수 없는, 말인지 노래인지 모를 허밍을 하며 손을 계속 휘젓고, 줄로 벽을 계속 긁고, 손으로 가방을 계속 쓰다듬고, 빗줄을 돌리고, 수건에 얼굴을 문지르는 등 우리가 보기에는 의미 없는 모습들이 3분 여간 지속됩니다. 흔히 보는 자폐인의 모습입니다. 그리고 나선 건조한 목소리로 자신의 이야기를 합니다. 그가 타자를 치면 음성으로 변환하여 우리에게 들려주는 것이죠. 전반부는 '모국어native language'라 하고 후반부에 우리가 알아듣는 말은 '번역translation'이라 이름 붙여져 있습니다.

자폐의 원인은 일부는 유전이고 일부는 환경적 요인입니다. 원인이 하나가 아니라는 이야기입니다. 소위 정상인들이 비슷한 모습을 보이는 이들을 묶어 자폐라는 말 하나로 정리해 버린 것이죠. 그래서 요즘은 자폐 스펙트럼이라 부릅니다. 하나의 원인, 하나의 증상이 아니란 것이죠. 다양한 원인과 다양한 증상이 '자폐'라는 한 단어로 뭉뚱그려지는 것이 문제라는 생각에서 자폐 스펙트럼이라는 이름이 붙여진 것입니다.

그리고 이제 자폐인들은 자폐 스펙트럼이란 단어에서 더 나아가 '신경다양성Neurodiversity'이란 단어를 씁니다. 다양한 신경 질환을 정상의 범주에 포함시키려는 운동의 일환입니다. 이전에는 이성애자가 아닌 모든 이들이 '비정상'이었지만 지금은 다양한 성적 정체성을 갖는 것이 당연하게 받아들여지는 것처럼 뇌의 신경세포 간 연결 고리가 서로 다른 것도 하나의 '다양성'으로 이해되어야 한다는 것이지요. 정상과 비정상이 아니라 전형적이냐 아니면 전형적이지 않느냐라는 것으로 받아들여져야 한다는 겁니다. 앞서의 동영상도 그런 의미를 가집니다. 물론 모든 정신질환이 신경다양성 범주에 포함되지는 않습니다. 현재 신경다양성 범주로 포함하자는 질환으로는 주의력 결핍 과다행동 장애 ADHD, 자폐 스펙트럼 장애, 아스퍼거 증후군, 난독증, 조현병, 각종 신경증 정도가 있습니다.

물론 이런 논의가 있기까지는 자폐 증상을 보이는 이들 중 일부의 특별한 능력도 주요한 요인이 되었습니다. 특별한 능력이란 예를 들어 놀라운 기억력과 계산 능력, 예술적 창의력과 상상력, 그리고 언어 능력 같은 것들이지요. 평균적인 사람들보다 훨씬 뛰어난 이들의 재능과 그 결과물이 자폐 증상을 '비정상적 장애'로만 보는 것이 온당하냐는 논의를 불러일으켰습니다.

인물들로는 물리학과 화학 분야에 중요한 기여를 했던 헨리 캐번디시 Henry Cavendish, 노벨 물리학상을 받았던 이론물리학자 폴 디랙 Paul Dirac, 전자기학에 중요한 기여를 했던 니콜라 테슬라 Nikola Tesla, SF 장르에 중요한 역할을 한 휴고 건즈백 Hugo Gernsback, 인공지능과 네트워크 컴퓨팅에 뛰어난 업적을 남긴 존 매카시 John McCarthy 등이 있지요. 그리고 현재도 구글이나 애플 등 미국의 유수한 IT기업에서 특유의 재능을 인정받아 일하고 있는 이들이 있습니다.

하지만 중요한 것은 이들이 '아주 뛰어난 능력'을 가지고 있다는 것이 아닙니다. 어렸을 때부터 이들에 대한 배려와 사회적인 이해가 겸비된다면 충분히 사회에 녹아들 수 있다는 점이 더 중요하지요. 이 책을 쓰는 중에 가장 대표적인 사례를 보았습니다. 기후 변화에 대처하고자 하는 학생들의 등교 거부를 전 세계적으로 이끈 스웨덴의 16살 학생 그레타 툰베리Greta Thunberg입니다. 아스퍼거 증후군인 그는 9살 무렵 기후 변화에 대한 영화를 보고 심각성을 깨닫게 됩니다. 그리고는 굉장한 우울함에 빠졌다가 어느 정도 나아진 후 행동에 나서기 시작하지요. 홀로 학교 수업을 거부하고 1인 시위에 나선 것입니다. 그는 "내가 다른 사람과 비슷했다면 (관련 운동을 하는) 그룹을 만들었을 것이다. 하지만 나는 남과 대화하는 것을 좋아하지 않아 혼자 하기로 했다. 자폐증이 없었다면 이런 일은 일어나지 않았을 것이다"라고 말했지요. 그로부터 시작된 등교 거부는 전 세계로 퍼졌고, 노르웨이 의원들은 그를 노벨 평화상 후보로 추천했습니다.[34]

이처럼 발달장애인들은 자신의 특별함을 '장애'가 아니라 '다름'으로 인정받고자 합니다. 이와 관련된 영상이 하나 있어 추천합니다. 제목은 다음과 같습니다. 〈How autism freed me to be myself; 자폐증이 어떻게 내가 나 자신이 되게 해 주었는가〉. 제목 자체가 사실 모든 것을 말해 준다고도 볼 수 있지만, 동영상을 봐 보는 것을 추천합니다. 자막을 한국어로 설정하면 무리 없이 시청할 수 있습니다. 이 테드Ted 영상에서 자폐증을 겪고 있는 로지 킹Rosie King은 이렇게 말합니다.

"우린 다른 사람들과 달리 두 가지 세상을 삽니다. 하나는 여러분과 같이 사는 세상이고 다른 하나는 제 마음속 세상입니다. 저에게 이것은 능력입니다. 물론 문제도 있습니다. 저는 저와 같은 능력이 없는 이들에게 이를 끊임없이 설명해야 합니다. 제 마음속에 무엇이 있는지를 말이죠. 또 제 상상력이 때론 현실과 부딪치고, 현실의 사람들과 부딪칩니다. 현실은 너무 재미가 없고 지루하지요. 어쩔 수 없지요. 때론 소리도 지릅니다. 수업시간에도요. 제 속의 에너지가 너무 큰 까닭입니다. 물론 평범한 아이들은 그렇지 않지요. 뭐 그뿐입니다."

성적은 IQ 순이 아니에요

이 책을 읽고 있는 여러분들 대부분이 지능검사 혹은 IQ 검사를 받은 경험이 있을 것입니다. 40세 이상은 초등학교 혹은 중학교에서 필수적으로 받기도 했지요. 그리고 이런 말들을 듣거나해 본 적이 있을 것입니다. "그 집은 아빠가 똑똑하니 아이들도 똑똑하더라." 뭐 이런 이야기 말입니다.

과연 지능은 유전되는 걸까요? 그 이전에 지능이라는 것의 정의는 뭘까요? 이 문제에 처음으로 천착한 사람 중 한 명이 시릴 버트Cyril Burt입니다. 우연하게도 그는 우생학의 창시자인 프랜시스 골턴Francis Galton의 주치의의 아들이었습니다. 그래서인지 시릴 버트의 이론에는 골턴의 주장이 꽤 많은 영향을 주었습니다. 버트가 영국 대학의 교수가 될 수 있었던 데에는 골턴의 도움도 있었고요. 그는 지능이 유전된다는 가설을 증명하기 위해 쌍둥이의 지능을 조사하기로 합니다. 일란성 쌍둥이의 경우 하나의 수정란에서 탄생하기 때문에 유전적으로 완전히 동일한 조건을 가지고 있습니다. 따라서 일란성 쌍둥이 중 같이 자란 경우와 떨어져 자란 경우를 살펴보면 지능의 유전 여부를 파악할 수 있을 것으로 생각한 거지요.

1955년 발표한 바에 따르면 그는 21쌍의 일란성 쌍둥이를 대상으로 연구를 진행했습니다. 그 결과로 같은 곳에서 성장한 일란성 쌍둥이는 지능의 유사도가 완전히 동일한 경우를 1로 놓았을 때 0.944였고, 다른 곳에서 성장한 경우 유사도가 0.771이었습니다. 후속 연구를 계속하여 1958년과 1966년에는 30~53쌍의 쌍둥이를 대상으로 실시한 결과를 발표했는데 앞서의 연구결과와 완전히 일치했습니다. 그는 이런 연구결과를 기반으로 영국의 모든 11세 어린이들에게 지능검사를 실시하였고 그 결과에 따라 어떤 교육을 실시할 것인지를 결정하도록 했습니다.

그에게 영향을 받은 것은 영국만이 아니었습니다. 하버드 대학의 리처드 헤른슈타인Richard Hermstein은 그의 이론을 확장시켜 개인이 속한 사회계층은 부모의 지능지수와 큰 관계가 있다고 주장합니다. 즉 가난한 계층이 가난한 이유는 낮은 지능이 부모에서 자식에게로 계속 유전되기 때문이고, 부유한 계층은 높은 지능이 물려지기 때문이라는 거지요. 이 이론은 부유한 계층을 중심으로 퍼져나갑니다. 부가 쌓이는 것에 대한 정당한 이유가 밝혀졌다는 이유에서지요.

그러나 버트가 죽고 난 뒤 그의 연구에 대한 문제 제기가 시작되었습니다. 그의 논문을 자세히 살펴본 결과 위조의 흔적이 드러난 것입니다. 그의 논문 참고문헌에 있는 연구자들이 실제로는 존재하지 않았던 겁니다. 런던 대학에서 박사학위를 취득했다는 메이버라는 이는 런던 대학에 존재하지 않았고, 공동 연구를 했다는 무어와 데이비스라는 사람도 찾을 수 없었습니다. 또 다른 논문에서 언급된 하워드와 콘웨이라는 여성 연구원들 역시 존재하지 않았습니다.

그리고 그가 논문에서 밝힌 데이터들도 조작되었다는 사실이 드러났지요.[35] 그의 첫 연구논문과 후속 연구의 데이터가 소수점 뒤 끝자리까지 완전히 똑같았던 것입니다. 다른 쌍둥이를 대상으로 한 조사에서 데이터가 소수점 뒤 끝자리까지 그것도 모두 똑같을 확률은 0에 가깝지요. 이런 문제가 있었음에도 당시 워낙 권위가 있던 인물이라 아무도 지적을 하지 못했습니다. 그러나 버트의 이러한 문제와 별도로, 지능과 유전에 대한 과도한 집착은 이후 지속적으로 학계와 대중에게 영향을 미치게 됩니다.

지능이 유전되는가에 대한 연구가 버트에 의해 시작되었다면, 지능 자체에 대한 제대로 된 과학적 연구는 사실상 프랑스 과학자 알프레드 비네Alfred Binet에 의해 시작됩니다. 앞서 말씀드렸듯이 19세기 말에서 20세기 초에 이르는 시기는 우생학과 골상학이 유럽과 미국 사회를 휩쓸던 시기였습니다. 당시 프랑스도 마찬가지여서, 프랑스에는 파리 인류학회를 창립한 폴 브로카Paul Broca에 의한 인종주의적 주장이 대세였습니다. 브로카는 '일반적으로 뇌는 노인보다 장년에 다다른 어른이, 여성보다 남성이, 보통 사람보다 걸출한 사람이, 열등한 인종보다 우수한 인종이 더 크다. 다른 조건이 같으면 지능의 발달과 뇌 용량 사이에는 현저한 상관관계가 존재한다'고 주장했지요.[36] 소르본 대학의 심리학실험실 실장이었던 비네도 처음에는 브로카의 주장에 동의했습니다. 실제로 여러 사람들의 머리 크기를 재보기도 했지요. 그런데 아무리 재어 보아도 지능과 두개골의 크기가 별 관련이 없다는 증거만 계속 나왔습니다.

그래서 그는 겉으로 보이는 외양에 의한 방법 대신 심리학적 방법을 택합니다. 당시 그는 교육부장관으로부터 일반적인 학생들에 비해 학습 능력이 명확히 떨어지는, 따라서 특별한 교육이 필요한 아이들을 구분하기 위한 실용적 연구를 위임받았지요.

그는 아이들에게 다양한 종류의 단순한 과제를 준 후 그 결과에 대해 점수를 매겨 모으는 방식으로 지능을 검사합니다. 하지만 그는 이 지능검사에 대해 엄격한 제한을 두어야 한다고 주장하지요. 먼저 테스트 결과는 일시적이며 영구적이지 않다는 겁니다. 즉 살아가면서 바뀔 수 있다는 거지요. 두 번째는 이 테스트가 학습 능력이 특별히 떨어지는 아이를 선별하는 용도로만 사용되어야 한다는 것이었습니다. 즉 이 테스트를 가지고 아이들을 줄 세워서는 안 된다고 주장한 것입니다.

그 이유 중 하나로 그는 자신의 테스트 방법이 아이들의 지능을 완전하게 측정하기 힘들다는 점을 들었습니다. 그리고 이 테스트에서 실시하는 방식처럼 여러 가지 점수를 그저 합산하는 것이 진정한 지능을 나타내는 것은 아니라고 주장했지요. 그리고 지능 자체가 유전적으로 결정되며, 그래서 이를 극복할 수 없다는 주장 역시 전혀 확인되지 않은 것이라고 말합니다.

하지만 지능지수의 악용에 대한 그의 우려는 미국의 심리학자들에 의해 전면적으로 현실화됩니다. 이들은 미국 전체 인구를 대상으로 지능테스트를 하고 평균 지능을 100으로 확정합니다. IQ라는 단어가 탄생합니다. 그 과정에서 앞서의 시릴 버트처럼 자신의 데이터를 조작하고, 실험 설계를 제대로 하지 않은 심리학자들에 의해 지능의 인종주의적 편견이 강화됩니다. 그 영향은 우리나라에도 이어져 모든 아이들을 대상으로 IQ검사를 실시하기에 이르게 됩니다. 그렇다면 우리 대부분이 받았던 이 IQ검사는 우리의 지능을 제대로 알려주는 것일까요?

일단 우리 대부분이 학교에서 받아 봤던 지능검사는 약식 집단검사입니다. 이런 검사의 경우 실험 자체가 정교하게 진행되기 힘들어 결과가 엄밀하지 않은 것이 당연합니다. 이런 지능검사의 경우 검사지 자체도 빈약하며, 환경 통제가 제대로 되지 않고, 검사를 처음 받는 경우와 두 번 이상 받는 경우의 차이도 나옵니다. 그렇기 때문에 지적장애나 경계선 지능 정도만 파악이 가능하며 평균적 지능을 가진 경우 그 차이를 정확히 알 수 없습니다. 즉 학교에서 받은 지능검사에서 140이 나오든 100이 나오든 그 값을 신뢰하기 힘들다는 것입니다. 여기에 지능검사를 여러 번 받아본 사람은 그렇지 않은 사람에 비해 값이 더 높게 나타나기도 합니다. 또한 이런 지능검사는 특정 문화나 사회적 배경을 가진 사람에게 더 유리한 측면이 있습니다. 쉽게 말해서 수학학원에 다니면서 수학 능력을 높인 아이들이 그렇지 않은 아이들에 비해 훨씬 높게 나타난다는 것이지요. 물론 논술학원을 다니는 경우도 마찬가지입니다.

---

* 그러나 지적장애나 경계선 지능의 경우도 예비적 판정 정도의 의미를 가지며, 실제 장애의 정도를 확인하기 위해서는 전문가에 의한 웩슬러 지능검사 등 더 엄밀한 방법이 필요합니다.

두 번째로 흔히 말하는 지능지수는 표준편차에 따른 비율을 나타냅니다. 즉 평균 지능인 100을 기준으로 110은 10% 더 높고 120은 20% 더 높은 것이 아니라 전체 인구 중 어느 정도의 비율에 해당되는지를 나타내는 것일 뿐입니다. 더구나 숫자로 나오는 120이니 130 등의 값은 표준편차를 얼마로 잡느냐에 따라 달라집니다. 전 세계적으로 사용되는 것은 표준편차가 15인데 이 경우 160이 거의 최댓값입니다. 우리나라로 치면 전 국민 중 2,000명이 안 되는 수치지요.

그런데 실제로 보면 지능지수가 160이 넘는다는 사람이 주변에 아주 흔하지는 않지만 꽤 됩니다. 이는 표준편차를 15가 아닌 24로 놓은 경우이기 때문입니다. 멘사코리아 등에서 사용하는 편차이지요. 물론 전체 인구 중 상위 몇 %에 속한다는 것이 개인에겐 자부심이 되기도 하고, 높은 점수를 받으면 기분이 좋기도 하겠지만 표준편차를 잡는 방식에 따라 지수가 달라진다는 것은 사실입니다.

더구나 지능지수에는 두 가지가 있는데 하나는 실제 연령에 비해 정신 연령이 얼마나 높은지를 판단하는 비율지능지수이고 다른 하나는 같은 연령대에서 얼마나 높은 위치에 있느냐는 편차지능지수입니다. 보통 언론에서 나오는 지능지수는 비율지능지수인데 이는 편차지능지수에 비해 높은 지능지수가 나옵니다. 거기에 비율지능지수는 연령대가 올라갈수록 결과가 부정확하지요. 즉 중학교, 고등학교로 올라갈수록 검사가 부정확해집니다.

세 번째로 지능지수는 평균인 100에서 멀어질수록 그 신뢰도가 떨어집니다. 즉 머리가 아주 좋다거나 나쁘다면 그 정도가 어느 정도인지 지능지수 검사만으로는 밝힐 수 없다는 것입니다.

가장 관심 있는 지점인 지능지수와 성적의 연관 관계를 보면 실제로 일정한 상관관계가 있다고 나옵니다. 즉 지능지수가 높게 나올수록 성적이 높거나, 흔히 창의적이고 대우 받는 직업을 가지는 경우가 높다고 나오는 것이지요. 하지만 이 둘이 완전히 일치하는 것은 아닙니다. 학업성적과 지능지수의 비례는 약 10%~30% 정도입니다. 즉 중요한 요인 중의 하나이긴 하지만 지능지수가 성적을 결정짓는 것은 아니란 것이지요.

그리고 지능지수가 높아질수록 둘 사이의 상관관계는 줄어듭니다. 특히 흔히 IQ가 130 이상인, 소위 영재라 불리는 지점에 가면 성적과 IQ 사이의 상관관계가 아예 없어집니다. 성적을 좌우하는 건 결국 다른 요인이라는 겁니다. 지능과 학업성적이 일정한 상관관계를 가지는 것은 IQ 90~120 사이인 것이지요. 특히 지능지수가 낮은 경우가 높은 경우보다 학업성적의 상관관계가 높은 것은 이들에 대해 특별한 교육적 관심이 필요하다는 걸 뜻하는 것이기도 합니다.

결국 현재 이루어지고 있는 지능지수 검사는 얼마나 똑똑한가를 파악하기 위한 척도로는 무리가 있습니다. 앞서 비네가 고려한 것처럼, 일반적인 학교 수업을 받아들이기 힘든 경계성 지능이나 지적장애를 가려내고, 그 정도까지는 아니지만 학업 성취도가 아주 낮은 아이들에 대한 대책을 세우는 용도 이상의 의미를 가지기 힘들다는 것이지요.

알아감의 사회 그리고 과학

늘대가 두루미를 저녁 식사에 초대합니다. 두루미가 와서 탁자 앞에 자리를 잡으니 음식이 나오는데 넓고 얕은 그릇에 담긴 스프입니다. 두루미의 긴 주둥이론 먹을 수가 없지요. 늘대가 말합니다. "너는 입이 비정상이구만, 우리 늘대들에 비해 너무 뾰족하고 길군."

왼손잡이와 오른손잡이 중 누가 정상일까요? 지능은 얼마나 되어야 정상일까요? 앞서 언급했듯이 손의 사용은 편의의 문제이며 지능은 한 사람이 가진 여러 가지 능력 중 하나일 뿐입니다.

그러나 보편에서 벗어나게 되면 사회생활에서 어려움을 겪는 경우가 많지요. 그 원인 중 하나는 사회가 '불편함'을 만든다는 것입니다. 가령 왼손잡이는 오른손잡이에 비해 불편합니다. 왜냐하면 여러 가지 도구와 일상생활이 오른손잡이 위주로 이루어져 있기 때문입니다.

언젠가 SNS에서 본 글이 생각납니다. "난 가위는 그냥 가위인 줄 알았다. 하지만 가위는 '그냥' 가위가 아니라 '오른손잡이용' 가위였다. 난 오른손잡이였고 따라서 마트에서 그냥 사는 가위가 나에게 맞춰진 것이란 걸 몰랐다. 가위는 왼손잡이를 '배제'하고 있다." 이 말은 그 의미가 변하지 않은 채 다음처럼 여러 가지로 변주될 수 있습니다.

'난 세상이 남성 위주로 세팅되어 있다는 것을 몰랐습니다. 나는 남자이고 따라서 남자 위주로 세팅된 세상에서 편하게 이를 이용하며 살았죠. 그 세상이 '여성'을 배제하고 있다는 것을 몰랐습니다.' '난 결혼제도가 이성애자 위주로 세팅되어 있다는 것을 몰랐습니다. 나는 이성애자고 따라서 그렇게 세팅된 결혼제도에 큰 문제의식이 없었습니다. 그 제도가 '동성애자'를 배제하고 있다는 것을 몰랐습니다.' '난 신체상의 장애가 없이 태어나 이제껏 지내왔습니다. 따라서 교통제도가 내게는 별 불편이 없었습니다. 그래서 이 교통제도가 '장애인'을 배제한다는 것을 몰랐습니다.'

세상은 다수에게 맞춰 세팅되어 있습니다. 소수자, 즉 '배제된 이'를 위해서 바뀌어야 한다는 말은 거북하거나 튀는 목소리로 치부될 때가 많지요. 우리가 자신을 메이저리티라고 생각한다면 특히 이를 경계하고 조심해야 합니다. 내가 당연하다고 생각하는 것들이 어쩌면 누군가를 '배제'하고 있을지도 모르니까요.

배제나 혐오는 무지를 기반으로 합니다. 특정 집단을 혐오하는 사람들은 자신이 혐오하는 대상이나 현상에 무지한 경우가 절대 다수입니다. 그런데 이 무지는 대상을 더 이상 알지 않으려는 '적극적' 무지이기도 합니다. 사실을 알아버리는 순간 혐오를 멈출 수밖에 없다는 것을 본능적으로 아는 것이지요. 우리 사회 전체가 소수자들에 대해 좀 더 깊이 알고 이해하는 것이 중요한 이유입니다.

여기에는 과학과 기술의 역할도 분명 있을 것입니다. 일반 휠체어보다 전동휠체어가 훨씬 이용하기 편하지요. 의수나 의족 등도 이전과는 몰라보게 발전하고 있습니다. 일부 감각기관을 대체하는 기술도 발전하고 있고요. 장애인들을 위한 이런 다양한 연구는 그렇지 않은 이들에게도 도움이 되지요. 앞서 살펴봤던 지하철 노선도도 그렇고 이미 사용되고 있는 골도 전화기도 한 예가 될 수 있습니다. 처음 골도 전화기가 개발된 것은 청각장애인들을 위한 것이었지요. 지금은 골도 이어폰의 형태로 발전하여 상용화가 되기도 했습니다. 장애인들의 이동권 보장 투쟁으로 만들어진 지하철역의 엘레베이터도, 특별한 기술이 필요한 것은 아니지만 비슷한 예입니다. 처음 주장을 했던 이들은 장애인들이었지만 지금은 노약자나 임산부 등 계단이나 에스컬레이터를 이용하기 힘든 이들 또한 이 엘리베이터를 이용하고 있지요.

이런 과학기술의 발전 또한 적극적인 노력이 있어야 가능합니다. 시장이 좁아서 또는 상용화 가능성이 적다는 이유로 사장되는 기술이 되거나, 아예 개발을 시도조차 못하는 경우도 많으니까요. 과학기술의 발달에도 공공성의 개념이 도입되어야 합니다. 당장 돈이 되지 않아 기업체가 외면하게 되는 사업에 정부가 필요한 기술 개발을 지원하는 방식 등이 도입된다면 지금보다 더 나은 사회가 되지 않을까요?

5장

지배를 위한
이데올로기가 되다

세계의 불행에 일조하다

유사과학은 '미신, 속설, 허위, 사기'가 과학이라는 탈을 쓰고 유통되는 것이라고 이전 편에서 이야기한 바 있지요. 유사과학이 유통되는 방식은 다양합니다. 때로는 트렌드에 기대어, 때론 다른 분야와 걸쳐지기도 합니다. 그 이유도 다양하지요. 그중 가장 치명적인 유통 방식은 '지배 이데올로기'와 결합된 형태일 것입니다.

과학은 가치중립적이어야 한다는 말이 나오게 된 이유가 여기에 있습니다. 이 말이 맞느냐 틀리냐에 대해선 사람마다 다양한 의견이 있습니다. 하지만 왜 '과학의 가치중립성' 문제가 대두되는지 그 근원을 따져보면 부끄럽고도 참혹한 과거, 즉 지배를 위한 이데올로기에 복무한 과학의 역사가 있기 때문입니다.

　　물론 갈릴레오 갈릴레이가 당시의 세계관에 맞서 과학적 진리를 주장한 것처럼, 과학은 새로운 시대를 여는 한 계기가 되기도 했습니다. 하지만 반대로 실제로는 전혀 과학적이지 않은 내용이, 지배하는 자들의 입맛에 맞춰 과학이란 이름으로 '보증' 되어 세계의 불행에 일조하기도 했습니다. 이번에는 이와 관련한 역사를 살펴보고자 합니다. 지배자의 이데올로기에 유사과학으로 봉사한 사람들의 이야기이기도 합니다.

'생명의 사다리'가 '억압의 사다리'로

아리스토텔레스는 고대 그리스의 유명한 자연철학자입니다. 당시에는 철학과 과학이 아직 나눠지지 않은 상태였지요. 아리스토텔레스는 형이상학이나 범주론 등의 철학 저작으로 주로 소개되어 있지만, 그의 저작 중 절반 이상이 사실은 과학에 관한 책입니다. 그중에서도 그가 특별히 관심을 가진 것이 바로 동물학이지요.

플라톤의 아카데미아 이후 그는 레스보스섬으로 가는데 그곳에서 동물에 관한 다양한 연구를 합니다. 동료 테오프라스토스 Theophrastos는 식물학과 관련된 연구를 하지요. 아리스토텔레스는 그 결과를 가지고 '생명의 사다리'라는 개념을 내세웁니다.

사다리의 제일 아래에는 영혼이 없는 무생물이 있습니다. 그 위에는 식물이 있습니다. 식물은 영혼을 가지고 있어 영양을 섭취하고 성장을 할 수 있습니다. 식물 위에는 동물이 있지요. 동물은 식물의 영혼과 함께 동물의 영혼도 가지고 있는데 이를 통해 감각을 가지고 외부의 자극에 대해 인식하며, 운동기관을 가지고 이동할 수 있게 됩니다. 제일 위는 인간입니다. 인간은 식물의 영혼과 동물의 영혼 그리고 인간의 영혼을 가지고 있습니다. 인간의 영혼은 감각의 불완전함을 넘어 진리에 도달할 수 있는 이성적 사고를 가능하게 합니다.

아리스토텔레스의 생명의 사다리 개념은 당시 사람들이 생각하던 상식과 잘 맞아 들어갔습니다. 실제로 식물은 싹이 트고 자라서 열매를 맺지만 이동은 하지 못하고, 코나 귀, 눈과 같은 감각기관이 없지요. 동물은 눈도 있고 발도 있지만 인간처럼 '생각'을 한다고 믿지 않았고요. 그리고 인간이 왜 다른 생물과 다른 특별한 존재인지를 알려 주니 그 또한 마음에 드는 부분이었을 것입니다.

생명의 사다리는 식물과 동물을 다시 더 세밀하게 분류합니다. 동물의 경우 빨간 피가 있느냐 없느냐에 따라 나뉘고, 피가 있는 동물은 다시 번식 방법에 따라 나뉘지요. 동물의 가장 위에는 인간처럼 새끼를 낳는 동물, 그 바로 아래는 알을 낳지만 어미의 뱃속에서 부화되어 새끼로 나오는 난태생, 그 아래는 딱딱한 껍질을 가진 알을 낳는 동물들. 그리고 껍질이 없고 알의 크기가 아주 작은 동물들 순으로 놓입니다.

현대의 눈으로 보면 아주 많이 어설픈 논리입니다. 저것이 과학이냐고 할 수도 있겠지요. 그러나 과학은 이렇게 어떤 현상이나 사물을 분류하고, 분류의 이유를 설명하는 것에서부터 시작되었습니다. 생명의 사다리 외에 물리학이나 화학도 그 시작은 이렇게 단순하고 어설펐지요.

그리고 중세가 됩니다. 아리스토텔레스의 생명의 사다리 개념은 이제 인간 위에 두 단계를 더 올려놓습니다. 바로 천사와 신입니다. 사다리의 정점은 신이지요. 그리고 더 정교하게 바뀝니다. 이와 함께 중세의 성직자와 영주들은 생명의 사다리를 사람에게도 적용합니다. 제일 위에는 교황과 고위 성직자가 있고 그 아래 영주가 있습니다. 영주 아래에는 기사계급이 놓이고 그 아래에는 농민들이 있습니다. 제일 아래에는 노예들이 있지요. 자연의 섭리에 따라 태어날 때부터 인간은 이미 자신의 자리가 정해져 있다는 논리를 펼칩니다. 물론 아리스토텔레스 시기뿐 아니라 문명 이후 근대 이전까지, 혹은 근대까지도 신분제가 사라진 적은 없었지만 말입니다.

하지만 아리스토텔레스의 생명의 사다리는 인간에 대해 계층을 나눈 적이 없습니다. 또한 하나의 종species에 대해서도 계층을 나누지 않았지요. 아리스토텔레스가 사자를 다시 어른 숫사자, 어른 암사자, 어린 숫사자, 어린 암사자 등으로 나누었다는 이야기는 어디에도 없습니다. 그럼에도 중세의 지배자들은 이 그럴듯한 생명의 사다리를 인간 사회에 억지로 적용시켜 지배 이데올로기로 사용했지요.

물론 생명의 사다리 이론이 지배 이데올로기에만 활용된 것은 아닙니다. 생명의 사다리를 기반으로 한 인간 중심주의는 인간에 대한 적극적인 탐구로 이어졌고, 르네상스 문화를 꽃피우는 토대가 되기도 하였습니다. 그러나 훗날 생물학의 발전으로 생명의 사다리가 존재하지 않음이 밝혀졌음에도, 인종과 계급의 우위를 정당화하기 위한 '과학적 근거'를 찾고자 했던 시기는 그보다 더 오래 이어졌습니다. 이 모든 책임은 당연히 아리스토텔레스를 향하지 않습니다. 하지만 생명의 사다리는 강자의 입맛대로 '선택'된 과학이 언제, 어디에까지 영향을 미칠 수 있는지를 보여 준 좋은 본보기라 하겠습니다.

'인종'은 없고 '인종주의'만 있다

19세기가 되자 독일이 통일됩니다. 프로이센 공국이 나머지 수백 개의 공국과 자치도시를 통합해서 단일 국가를 만듭니다. 통일 독일제국으로선 수백 년 이상을 홀로 살아온 여러 지역 사람들을 통합할 강력한 필요성이 있었습니다. 이때 아주 유용하게 사용된 것이 '민족'이라는 개념입니다. 아리안족, 게르만족이란 표현을 들어보셨지요? 아리안족은 인도유럽어족의 또 다른 명칭입니다. 이란, 인도, 유럽의 북부와 중부 동유럽에 흩어져 살고 있지요. 그중에서도 현재의 독일 지방에 사는 이들을 게르만족이라고 하는데, 카이사르의 유럽 원정 시 라인강 동쪽 지역을 일컬었던 게르마니아에서 유래한 말입니다.

독일인 뿐 아니라 영국의 앵글족, 색슨족, 프랑크족, 튜튼족, 반달족, 노르만족, 고트족 등 다양한 집단들이 있습니다. 그러니 아리안족 혹은 게르만족이라 해서 딱히 독일 민족이라 칭하기도 어렵지요. 게르만족 자체도 여러 집단으로 나뉘는데 독일인들이 그중 한 집단에만 속한 것도 아닙니다. 동게르만의 여러 종족과 서게르만의 여러 종족들이 섞여있지요.

독일제국의 지배자들이 보기에도 게르만족 중 특정 종족으로 독일을 한정짓기는 어렵고 하여 그냥 게르만족으로 퉁치게 됩니다. 이때의 게르만족이라는 명칭에는 한편으로 프랑스와 이탈리아 등의 라틴족과 대비되는 개념이 포함되기도 합니다. 독일제국은 그 자체로 만족할 생각이 아니었습니다. 북유럽과 동유럽 쪽으로 자신의 세력권을 뻗어나갈 생각을 항시 가지고 있었지요 (남쪽의 프랑스로 나아가기에는 당시로서는 특히 부담스러웠습니다). 이를 위한 이데올로기적 근거 중 하나로 민족 개념을 들었던 것입니다.

이 즈음 인종과 우생학이 등장합니다. 당시 독일은 다양한 형태로 독일 민족의 우수성을 증명하고 널리 알리고자 노력했는데 이들의 입맛에 딱 들어맞는 것이 인종과 우생학이었습니다. 아직도 인류가 흑인종, 황인종, 백인종으로 구성되고 각각이 서로 다른 인종이라고 생각하는 분들이 많지요. 그러나 현대 과학

과학이라는 헛소리

으로 밝혀진 바에 의하면 인종race은 없습니다. 우리 호모 사피엔스는 유전자 풀Genome pool이 아주 좁습니다. 다른 생물에 비해 유전적 다양성이 아주 작다는 것이지요. 우리와 유전자 구성이 가장 비슷한 침팬지와 비교해 봐도 그렇습니다. 대략 100km 정도 떨어진(서울과 대전 사이보다 가까운) 두 침팬지 집단 사이의 유전적 다양성이 온 인류의 유전적 다양성보다도 더 클 정도니까요.

즉 유전자 차원에서 현생 인류는 종species으로 구분할 만큼의 차이를 가지고 있지 않습니다. 이는 아종sub-species도 마찬가지입니다. 인류는 아종으로 구분할 만큼의 차이조차 가지고 있지 않습니다. 현대 고인류학의 발달은 현생 인류와 네안데르탈인, 데니소바인 등이 서로 유전적으로 영향을 주었다는 사실을 밝혔습니다. 즉 이들과 우리가 서로 다른 종이 아니라 서로 짝짓기를 하고, 그를 통해 그들의 유전자 일부가 지금 우리에게 이어졌다는 것이지요. 네안데르탈인과 우리 호모 사피엔스 정도라면 말 그대로 아종이라 할 수 있습니다. 마치 개와 늑대가 그런 것처럼 말이지요. 그러나 현생 인류만을 놓고 본다면 유전자 어디에도 차이는 없습니다.

그럼 인종이라는 개념은 어떻게 탄생한 걸까요? 아주 멀리는 옛 신화에서부터 시작됩니다. 자신들과 생김새가 다른 이들을 만나면 그들과 우리가 같은 종족이라는 생각을 하기 힘들어 구분을 하게 되지요. 조선 초중기 우리 조상들이 세상 사람들을 오랑캐와 조선인 등으로 나눈 것이 그 예입니다. 그러나 소위 '과학적'으로 인종을 구분하려 한 것은 19세기 무렵이라 볼 수 있습니다. 일단 생김새를 따져 구분했지요. 피부색과 코, 두상의 모습으로 인종을 구분합니다. 아시아인들은 주로 쌍꺼풀이 없이 눈이 길고, 흑인들은 머리가 곱슬머리이며, 백인은 코가 뾰족하다는 등으로 말이지요.

하지만 이를 과학이라고 이야기하는 것은 이미 이백 년도 더 전의 이야기입니다. 만약 우리가 동물을 분류할 때 이런 방법을 쓴다면 욕을 바가지로 먹을 것이 분명합니다. 고래와 물개와 듀공dugong이 모두 바다에 살면서 앞다리는 지느러미 모양이고 몸은 유선형으로 비슷하다며 한 묶음으로 묶자고 한다면 어떨까요? 전 세계의 생물학자들이 모두 비웃겠지요. 생물학은 이들의 내부 구조를 파악하고, 유전자를 검사하며 공통 조상을 찾아 분류합니다. 고래는 코끼리와 가깝고, 물개는 개와 가까우며, 듀공은 초식동물인 소와 가깝지요.

마찬가지의 잣대를 인간에게 대면 아프리카 북부의 피부색이 검은 이들은 아랍과 유럽의 사람들과 가깝고, 남아메리카의 피부색이 검은 이들은 이누이트족과 몽고인과 친척이며, 멜라네시아와 호주의 피부가 검은 이들은 태국과 타이완의 사람들과 가깝습니다. 이제 인종이란 말은 어떠한 의미에서도 과학과는 완전히 관계가 없는 용어가 되었습니다. 그래서 어떤 이들은 '인종race은 없고 인종주의racism만 있다'라고도 이야기합니다.

하지만 이런 사실관계가 분명하지 않았을 때에는 피부색에 의한 분류가 정치적으로 의미 있었습니다. '과학적'이 아니라 '정치적'으로 말입니다. 피부색에 의한 그리고 두개골의 형태에 의한 구분은 다른 인종을 지배하고자 했던 백인들의 이데올로기 중 하나로 활용되었지요. 이마에서 코 그리고 입으로 이어지는 선이 비교적 수직에 가까운 백인과 그보다는 조금 사선인 동양인, 좀 더 사선인 흑인 그리고 가장 기울어진 원숭이의 모습은 대표적인 인종주의입니다. 수직으로 설수록 인간에 가깝고 옆으로 누울수록 원숭이에 가깝다고 말이지요.

그리고 인종주의에는 박물학자들의 영향도 있었습니다. 당시 가장 유명한 박물학자 중 한 명이었던 에른스트 헤켈Ernst Hackel이 대표적입니다. 그는 생물학자이면서 박물학자, 철학자, 의사이자 화가이기도 했습니다. 그는 『수수께끼의 세상』이란 책에서 일원론Monism을 주장합니다. 그는 세계가 진화론을 기본으로 하여 필연적으로 단일한 통일성을 지니게 된다고 말합니다. 사실 이는 '진화론'이라는 이름만 빌려왔지 다윈의 진화론과는 별 상관이 없는 유사과학에 가까운 주장입니다. 다윈은 진화론에서 진화에 어떠한 방향도 없다고 명백히 밝혔는데 그는 '진화의 방향'을 말하고 있지요.

또 그는 '정치는 생물학의 응용'이라고 했습니다. 정치뿐 아니라 경제, 사회, 도덕 모두 생물학의 응용이라 했지요. 그에 따르면 개인의 발전만큼이나 인종의 발전도 필요하다고 합니다. 그래서 미개한 종족은 뛰어난 종족의 관리와 보호를 받아야 한다고도 주장합니다. 그의 이러한 주장은 이후 나치가 유대인과 집시에게 행한 박해의 이론적 근거가 됩니다.

박물학자들은 자신의 전문 지식으로 인종주의를 과학적인 사실인 양 주장했고, 제국주의 지배의 정당성을 확보하게 했습니다. 물론 모든 박물학자들이 그런 행위를 한 것은 아니지요. 시대적 한계도 있습니다. 당시에는 인종이라는 것이 '실재'한다고 믿었던 시대였고, 과학적 연구에도 기술적, 역사적 한계는 있기 마련이니까요. 그러한 점을 감안하더라도 현재의 눈으로 보았을 때 이들의 행위는 비판받아 마땅한 일입니다.

우생학Eugenics 또한 마찬가지입니다. 우생학이란 인간 종의 개량을 목적으로 인간의 선별 육종에 대해 연구하는 학문을 말합니다. 즉 열등한 유전자를 가진 인간이 자손을 갖지 못하도록 하여 우성 유전자가 인류 전체에 퍼지도록 하자는 것이지요. 이를 학문이라 부르는 것조차 부끄러운 일입니다. 우생학적 사고의 뿌

과학이라는 헛소리

리는 아주 깊습니다. 우생학이란 용어는 근대에 만들어졌지만 인간 사이의 선천적인 능력과 품성의 차이를 당연시 여기고, 그를 바탕으로 노골적인 차별 정책을 추구하는 행위는 인류 역사 전체에 통틀어 나타났습니다.

고대 그리스의 플라톤은 『국가』에서 "가장 훌륭한 남자는 될 수 있는 한 가장 훌륭한 여자와 동침시켜야 하며 이렇게 태어난 아이는 양육되어야 하지만, 그렇지 못한 아이는 내다 버려야 한다. 또 고칠 수 없는 정신병에 걸린 자와 천성적으로 부패한 자는 죽여야 한다"고 주장합니다. 아리스토텔레스 또한 하층 계급의 다산으로 인한 과잉 인구는 빈곤, 범죄, 혁명의 중심으로 자라날 가능성이 많으므로 하층 계급의 출산을 엄격히 관리해야 한다고 했지요. 이후에도 많은 이들이 좋은 자질을 가지고 태어난 사람을 중심으로 후손을 남겨 더 나은 사회를 만들어야 한다는 주장을 합니다. 이러한 주장들이 학살의 근거가 되고, 피억압민족에 대한 탄압의 기제가 되기도 했습니다. 한 사회 안에서 장애인들이 차별받고, 숨겨지고, 학살당하는 이유가 되기도 했지요.

이러한 전통이 과학의 외피를 두르게 된 것은 19세기에 들어와서부터 입니다. 이래즈머스 다윈Erasmus Darwin의 외손자이자 찰스 다윈의 사촌이었던 프랜시스 골턴Sir Francis Galton이란 인류학자가 대표적 인물입니다. 그는 다윈의 진화론을 근거로 인간의 재능과 특질이 유전된다고 믿었습니다. 그리고 이를 통계학적 방법으로 증명하려 했지요. 1865년 「유전적 재능과 특질」이란 논문에서 그는 '인간은 스스로의 진화에 책임이 있다'고 주장합니다. 1869년에는 『유전적 천재』를 발표합니다. 영국 저명인사들의 가계도를 조사해서, 그들의 가까운 친척들이 먼 친척들보다 더 유명하다는 걸 확인하고 이를 통해 재능이 유전된다는 걸 증명했다고 주장하지요.

물론 현재의 과학적 방법론으로 보면 허점투성이입니다. 사회의 주도적 인사들이 자신의 자녀나 가까운 친척들을 위해 여러 가지 배려를 할 수 있고, 부유함 자체가 교육의 기회를 더 풍부하게 그리고 다양하게 할 수 있다는 등의 환경적 요인에 대한 고려가 전혀 이루어지지 않은 연구였기 때문입니다.

'본성이냐 양육이냐'라는 유명한 말을 남긴 그는 우월한 인간과 열등한 인간의 구분은 환경적 요인보다 본성적 요인에 의해 결정된다는 주장을 줄기차게 펼칩니다. 그는 육종가들이 동식물을 재배할 때 인위적 선택을 통해 더 나은 개체를 얻을 수 있듯이 인간도 인위적으로 개선될 수 있으며, 이를 통해 더 높은 문명에 이를 수 있다고 주장하지요. 그리고 이를 위해 다양한 정책적 수단을 동원할 것을 요구합니다. 잔디밭에서 잡초를 제거하듯이 열등한 인간을 제거해야 한다고 주장하지요.

그의 이런 주장은 당시 유럽과 미국 등에서 상당한 지지를 받습니다. 나치만의 일이 아니었습니다. 물론 나치의 홀로코스트는 우생학의 가장 어둡고 폭력적인 면을 보여주지만 20세기까지도 이런 우생학의 어두운 그림자가 곳곳에 드리우고 있었습니다. 1927년 미국 대법원은 정신지체 장애인들에 대한 강제 불임수술이 합법적이라는 판결을 내립니다. 그 후 장애등급을 받은 많은 이들이 강제로 수용소로 끌려가 아무런 동의절차 없이 불임시술을 받습니다. 수만 명의 장애인들이 20세기 내내 불임시술을 강제로 받았습니다. 언제까지였을까요? 마지막 강제시술은 1980년대 초입니다. 유럽에서도 마찬가지였죠. 기록에 따르면 스웨덴과 노르웨이는 1976년까지, 그리고 일본은 1996년까지 이런 야만적 행위가 이어졌습니다.

이처럼 과학적으로도 올바르지 못하고, 윤리적으로도 용서받을 수 없는 행위가 과학의 이름을 빌려 잔혹하게 100년 동안 진행되었다는 사실은 우리에게 다시금 유사과학에 대한 경계심을 갖게 합니다. 과학의 탈을 쓴 이런 류의 유사과학은 차별과 혐오를 정당화하는 모습으로 앞으로도 나타날 것이기 때문이지요.

큰 민족에는 큰 영토가?

지리학은 고대에서부터 중요한 학문이었습니다. 학문의 영역에서뿐만 아니라 통치의 영역, 상업의 영역에서 특히 그 중요성이 대두되었지요. 지배층으로서 자신이 다스리는 영토를 잘 알아야 하는 것은 당연한 일이었고, 지도는 고대 지리학의 핵심으로 아주 오랜 옛날부터 제작되었지요.

물론 처음 만들어진 지도는 지금 우리가 보기에는 장난감 지도처럼 보이지만 당시로서는 굉장히 중요한 정보가 담겨져 있었습니다. 일반 백성들은 함부로 볼 수도 없었고 제작할 수도 없었습니다. 지도를 통해 영토의 중요 거점도 알게 되고, 물류 유통의 흐름도 파악하고, 군사 작전 시의 진격 방향도 정할 수 있었으니 말이지요. 그래서 고대로부터 많은 나라에서는 허가된 사람만 지도를 제작하고 볼 수 있도록 국가기밀로 정하기도 했습니다. 이어 대항해시대를 거치면서 지리학의 중요성은 더욱 커졌습니다. 보다 정밀한 지도가 제작되었고 위도와 경도 또한 세밀하게 측정되었지요.

그중에서도 근대 지리학이 본격적으로 자리 잡게 된 곳은 독일이었습니다. 갓 통일을 달성한 독일제국은 최초로 대학마다 공식적인 지리학과를 설립했고, 각 학교에서 지리학을 가르치도록 했습니다. 이는 독일제국의 정체성을 갖기 위한 또 다른 이데올로기 구축의 노력이기도 했지요. 지리적으로 독일은 애초에 하나로 통일될 수밖에 없는 환경적, 지리적 운명이었음을 강조하려는 것이었습니다.

지리학의 한 영역이었던 통계학statistics이 독자적인 학문이된 곳도 역시 독일이었습니다. 통계학의 어원은 'state', 즉 국가입니다. 인구 규모와 공업 생산물, 농업 생산물, 대지 면적, 수출량 등 국가와 관련한 다양한 자료들을 확보하는 과정은 지리학의 일부였지요. 이를 위한 통계적 처리를 해내는 것이 바로 응용지리학이었습니다.

이렇게 전 국가적인 지원 속에 발달하기 시작한 근대 지리학은 환경결정론적 성격을 많이 가지고 있었습니다. 인간의 활동이 자연 환경에 강한 영향을 받고, 그에 대한 적응의 결과로 지역성이 발생한다는 개념입니다. 흔히 열대지역에 사는 이들은 게으르다든가 하는 속설이 바로 이런 초기 지리학의 환경결정론으로부터 나옵니다. 독일의 지리학자 프리드리히 라첼Friedrich Ratzel에 의해 주창된 이론으로, 사회적 진화론의 영향이 강하게 스며들어 있습니다.

라첼은 여기에 더해 이렇게 주어진 민족적 속성은 이주를 통해 전파될 수 있다고 주장합니다. 당시 그들은 같은 아리안 계통이지만, 슬라브 계통 민족은 독일 민족에 비해 열등한 민족성을 가지고 있다고 주장했습니다. 동유럽의 슬라브 계통 민족의 땅에 독일인이 이주하여 그들을 지도해야 한다는 지리학적 근거를 만들고자 했던 것이지요.

라첼을 가장 유명하게 만든 것은 그가 만든 용어인 레벤스라움Lebensraum입니다. 레벤스라움은 '살 공간, 생활권' 정도의 의미를 가지는데 보통 번역을 하지 않고 레벤스라움이라고 부릅니다. 이는 이 용어에 깃든 나치의 흔적을 명확히 하기 위해서지요. 그가 이 용어를 사용한 것은 당시의 독일 영토가 게르만 민족의 레벤스라움이라는, 일종의 독일 통일의 당위성을 위한 것만은 아니었습니다. '독일의 영토를 넓혀 독일 민족이 살 공간을 마련해야만 독일 민족이 살아남을 수 있다'는 주장을 더 적극적으로 하기 위한 것이었지요.

라첼은 독일 민족이 당시의 좁은 영토만을 생활 공간으로 삼기에는 너무나 위대한 민족이니, 그 위대성에 걸맞는 생활공간, 즉 '레벤스라움'을 확보해야 한다고 주장했습니다. 이런 주장에는 국가의 존재 이유를 영토 정복과 생활공간의 확장이라 여기는 사상이 기저에 깔려있었습니다. 이것은 사회와 국가를 약육강식의 논리에서만 바라본, 사회진화론의 한 경향이기도 했습니다.

라첼의 이러한 주장은 1차 대전과 2차 대전을 일으킨 원인 중 하나인 독일 영토 확장 정책의 중요한 이데올로기가 됩니다. 1차 대전 당시 독일제국 정부가 내세운 9월 계획은 폴란드 서부 지역과 리투아니아, 우크라이나를 정복하여 이를 자신들의 새로운 레벤스라움으로 만들겠다는 것이었습니다. 2차 대전 때로 오면 나치는 유대인과 슬라브족이 지배하고 있는 동유럽을 장악하고, 이를 게르만족이 곡창으로 개간한 뒤 슬라브족을 노예로 삼아 천년제국을 만들겠다는 주장까지 하게 됩니다. 동유럽이야말로 게르만족의 레벤스라움이라는 것이죠. 당시 독일 나치의 정책이었던 게네랄플란 오스트Generalplan Ost에 이런 정책이 잘 드러나 있습니다. 2차 대전 당시 일본의 대동아공영권도 이 레벤스라움 이데올로기에 힘입은 바가 크다고 볼 수 있습니다.

물론 지금의 지리학은 이런 환경결정론과 레벤스라움에 대해 엄정한 비판을 가하고 있습니다. 현대의 지리학은 이런 환경결정론을 비판하면서 발전하여 인문지리학과 자연지리학으로 크게 나뉘어졌습니다. 그중 자연지리학은 자연과 환경의 구성요소, 상호작용, 공간적 분포 등을 탐구하는 분야이지요. 자연지리학은 이어 다시 세분화가 이루어지면서 경관생태학, 고지리학, 생물지리학, 지형학, 측지학 등으로 그 엄밀성이 더해지고 있습니다. 그러나 레벤스라움으로 대표되는, 과학이 파시즘의 이데올로기로서 복무하는 모습은 여전히 다양한 형식으로 현대 과학에도 스며들어 있지요.

뉴턴 이래 과학은 많은 사람들에게 진리로 여겨졌습니다. 과학의 권위에 기대어 많은 이들에게 자신의 주장을 설득하려는 시도 역시 많았지요. 특히 19세기부터 제국주의 국가를 중심으로 많은 나라들이 자신의 식민지 지배를 정당화하기 위해 과학으로 포장된 유사과학을 사실인 양 퍼트렸습니다. 20세기에 들어서도 파시즘 정권을 포함한 많은 국가에서 인간에 대한 혐오를 과학으로 포장하여 타국을 침략하거나 자국 내 소수자를 차별하는 데에 사용했습니다.

그리고 이런 시도는 현재에도 끊임없이 나타납니다. 자국 민족의 우수성을 알리기 위해 역사 왜곡을 시도하거나, 거짓 뉴스를 퍼트려 상대 국가에 대한 증오심을 키우는 등 다양한 지점에서 다양한 방법으로 유사과학이 나타나고 있지요. 그래서 더욱 이를 경계할 필요가 있습니다.

비뚤어진 애국심이 만든 비극

　'과학에는 국경이 없지만 과학자에게는 나라가 있다'라는 루이 파스퇴르Louis Pasteur의 말은 많은 이들에게 감명을 주었습니다. 그러나 과학자의 잘못된 애국심이 자신의 연구에 투영되어 인류 모두에게 불행한 결과를 낳은 경우도 꽤 많았습니다. 대표적인 사람이 독일의 프리츠 하버Fritz Haber입니다. 암모니아의 합성법을 개발한 업적으로 1918년 노벨 화학상을 받았지요. 그가 개발한 하버-보쉬법은 공업적으로 암모니아를 만드는 최초의 방법이었습니다.

　20세기 초 유럽은 전 세계를 지배하고 있었지만 내부적으로 여러 가지 문제가 있었습니다. 그중 하나가 식량문제였지요. 인구는 기하급수적으로 늘어나는데 먹을 음식은 그만큼 늘어나지 못했습니다. 사람이 늘어난다고 그에 맞춰 농사지을 땅이 늘어나는 것은 아니니까요. 17세기 이후 유럽의 인구가 꾸준히 늘어나면서 농사를 지을 만한 땅은 이미 다 경작지가 된 후였습니다. 그리고 인구가 늘어나는 만큼 주택의 수요도 컸고, 산업 시설도 끊임없이 늘어나 오히려 경작지가 줄어들면 들었지 늘어날 여지는 거의 없었습니다.

이런 상황은 19세기 초부터 이미 문제가 되었지요. 이를 멜서스의 트랩(덫)이라고들 했습니다. 영국의 멜서스Thomas Malthus는 『인구론』에서 인구는 기하급수적으로 늘지만 식량은 산술급수적으로 늘어나기 때문에 심각한 문제가 될 것이라고 주장했습니다. 19세기 유럽은 이런 멜서스의 예언이 곧 실현될 것이라 믿을 만큼 인구가 기하급수적으로 늘고 있었던 거지요.

그런데 19세기 말이 되기 전, 유럽은 이 문제를 두 가지 방법으로 해결합니다. 하나는 감자입니다. 중남미에서 들여 온 감자는 밀농사를 짓기 어려운 척박한 땅에서도 아주 잘 자랐고, 같은 땅에 심어도 밀보다 소출이 훨씬 더 많았습니다. 반 고흐의 〈감자 먹는 사람들〉이란 유명한 그림도 이에 연유했지요. 급속히 감자 경작지가 늘었습니다. 가난한 이들은 값싸게 구할 수 있는 감자로 끼니를 해결하곤 했지요. 이것이 18세기에서 19세기까지의 풍경입니다.

그러나 감자만으로는 식량 문제가 완전히 해결되지 않았습니다. 인구가 계속 늘어났으니까요. 그때 또 다른 기적의 물질이 남미 대륙으로부터 건너옵니다. 구아노라고 하는 물질입니다. 새들의 배설물과 알 껍질이 수천 년, 수만 년 쌓이고 쌓여 만들어진 녀석인데 비료로 아주 탁월한 효과를 보입니다. 구아노를 가루 내어 뿌리면 기존의 밭에서 두 배 이상의 곡물이 수확되었습니다. 또 이전에는 척박해서 농사를 지을 수 없던 곳도 밭으로 만들 수 있었지요. 농사를 두 해 짓고 나면 밭을 놀리거나 콩이나 질경이 같은 풀을 키워야 했는데 그럴 필요도 없었습니다. 대풍년이 계속 이어집니다. 삽시간에 식량 문제가 해결되는 듯 보였습니다. 그러나 구아노는 비료로만 쓰이는 것이 아니었지요. 화약의 원료로도 아주 긴요한 물질이었습니다. 유럽과 식민지에서 하루가 멀다하고 전쟁을 벌이던 제국주의 국가들에게 얼마나 많은 화약이 필요했겠습니까? 19세기 말이 되자 구아노는 바닥을 드러내고 맙니다. 다시 문제가 심각해졌지요.

영국이나 프랑스는 그래도 식민지가 전 세계에 퍼져있어 어떻게든 식량과 화약 재료를 구할 수 있었지만 독일은 사정이 달랐습니다. 유럽의 후발주자였던 독일은 식민지도 별로 없는데 이미 전 세계를 지배하던 영국과 프랑스에 맞서야 했으니 이중고에 시달렸지요. 식량도 화약도 부족했습니다. 이를 해결하려고 당시 독일의 과학자들은 무던히도 애를 썼지요. 그러던 와중에 프리츠 하버가 공기 중의 질소를 암모니아로 합성하는 방법을 찾아낸 겁니다. 적절한 촉매, 적절한 온도와 압력, 질소가 암모니아로 합성되는 최적의 조건을 말입니다. 암모니아는 조금만 처리를 해 주면 바로 비료로 쓸 수 있지요. 하버의 암모니아 합성법은 순식간에 전 유럽에 퍼집니다. 그리고 이 방법이 도입된 지 3년 만에 식량 생산량은 인구 증가량을 추월합니다. 흔히 말하는 녹색혁명이 일어난 것이지요.

하지만 이 암모니아를 또 다른 방식으로 조금만 처리를 해 주면 질산이 됩니다. 질산은 화약의 원료가 되지요. 저렴한 재료가 대량으로 공급되니 그야말로 마음껏 화약을 생산할 수 있게 되었습니다. 독일을 비롯한 유럽의 전 국가들이 이전과 비교할 수 없을 만큼의 많은 화약을 생산하고, 총알과 포탄을 만듭니다. 하버에게는 '공기로 식량을 만드는 과학자'라는 명예로운 이름이 붙었습니다. 물론 암모니아가 화약으로 발전하기도 했지만 그 이유로 그를 비난하는 이들을 거의 없었지요.

그러다 1914년 1차 세계대전이 일어납니다. 혈통은 유태인이었지만 독일에 대한 애국심으로 똘똘 뭉쳤던 하버는 어떻게든 독일을 승리로 이끌어야겠다는 결심을 하지요. 그는 가장 효율적으로 적군을 몰살시킬 방법으로 독가스 제조를 생각해 냈고, 실제로 이론을 완성합니다. 그리고 아주 적극적으로 군을 설득하여 독가스를 실전에 사용하지요. 군 수뇌부를 만나 자신의 독가스만 있으면 독일이 승리할 수 있다고 열심히 설득한 덕분이었습니다. 하지만 당시 유럽 국가들은 전쟁에서의 독가스 살포를 금지하는 협약을 맺고 있었습니다.

하버는 이를 교묘하게 회피할 방법까지 생각해 냅니다. 그리하여 1915년 4월 벨기에의 이프르Ypres에서 처음으로 염소가스가 살포됩니다. 약 15,000명의 연합군이 질식으로 죽고 다칩니다. 그즈음 같은 화학자였던 하버의 부인 클라라 임머바르Clara Immerwahr는 남편의 독가스 연구를 비판하며 말리다가 절망에 빠져 남편의 권총으로 자살합니다. 클라라 임머바르는 평소에도 남편의 독가스 개발에 반대하며 "과학자는 생명에 대한 통찰을 지녀야 한다"고 했지요.

그러나 죽음을 통한 클라라의 호소도 하버에겐 전혀 소용이 없었습니다. 아내가 자살한 다음날 아침 하버는 다시 러시아 군대에 독가스를 살포하러 떠납니다. 아내의 장례는 13살 아들에게 맡기고요. 참으로 모진 사람이지요. 그러나 그의 비뚤어진 애국심이 조국을 전쟁에서 승리하게 만들지는 못했습니다. 다들 아시

다시피 1차 대전은 독일의 패배로 끝나지요. 만약 전쟁에서 독일이 이겼다 해도 그가 영웅이 되진 못했겠지만 말입니다.

하버는 전범이 되기에 충분한 죄를 저질렀지만, 1차 대전에서 독가스를 사용한 국가가 독일만이 아니라 연합군도 매한가지였다는 점과, 또 다른 이유들로 처벌이 유야무야되어 자유로운 몸이 됩니다. 전쟁이 끝나고도 그는 독일에 대한 자신의 애국심을 끊임없이 과학으로 표현하고자 했지요. 막대한 전쟁 배상금이 독일을 괴롭힐 때 그는 바닷물에서 금을 추출하여 이를 갚을 방법을 연구하기도 했습니다. 물론 실패했지만요. 만약 그가 순수 독일인이었다면, 아니 유태인 혈통만 아니었다면 2차 대전에서도 맹활약을 펼쳤을지 모릅니다. 그러나 그로서는 불행하고 우리로선 다행스럽게도 하버는 유태인이었고(물론 기독교로 개종했지만), 역시 나치의 박해를 피해 도망칠 수밖에 없었지요. 이후 그는 별다른 활동을 하지 못하고 생을 마감합니다.

하버는 살아생전에 이미 자신이 만든 비극을 목도했습니다. 자신이 만든 독가스로 죽은 이들 중 대부분이 자신과 같은 유대인이었으니까요. 2차 대전 중 히틀러는 하버가 개발한 독가스를 사용해 수많은 유대인을 학살했지요. 히틀러의 유대인 학대를 피해 스위스로 피신했던 하버는 아우슈비츠에서 자신이 만든 독가스로 죽어간 유대인들의 이야기를 들으며 무슨 생각을 했을까요?

하버의 과학적 업적은 노벨상을 받을 만큼 출중한 것이었습니다. 하지만 그가 보여준 비뚤어진 조국애는 그와 인류 모두에게 커다란 상처를 남겼지요. 하버뿐 아니라 당시 일부 과학자들이 제국주의에 협력하며 인류 보편의 가치를 외면했던 일은 잊어서는 안 될 부분입니다. 국가나 지배권력의 통치 욕망이 어떻게 과학을 악용하고, 지배를 위한 유사과학을 양산해내는지 우리가 알고 또 경계해야 하는 이유이기도 하지요.

6장

자격을 잃은 과학자

과학도 사람의 일인지라

대중문화에 흔히 나타나는 과학자의 모습은 자신의 연구에만 골몰하거나, 주변의 다양한 삶에 무지하며, 외골수거나 인간관계에 서툰 모습입니다. 하지만 사회의 다른 분야와 마찬가지로 과학자 사회에도 다양한 사람들이 존재합니다. 나쁜 사람 또는 이해가 되지 않는 사람들도 더러 있지요.

그중에서도 과학의 영역에서 연구결과 조작이나 도용 등 잘못을 저질렀던 과학자들의 경우에 대해서는 한 번 살펴볼 필요가 있을 것입니다. 더구나 그 과정이 고의와 욕망에 의해 이루어졌다면 말이지요.

사실 유사과학이 만들어지고 퍼져나가는 데는 과학자와 과학계의 책임도 있습니다. 그리고 저도 과학계의 한 일원으로서 그 책임을 나눠야 하겠지요. 여기서 새삼 일본과 독일을 생각하게 됩니다. 2차 세계대전을 일으킨 책임을 진 두 나라입니다. 더구나 두 나라는 2차 세계대전 기간 동안 엄청난 반인류 범죄를 저질렀습니다. 하지만 종전 후의 모습은 서로 확연히 달랐지요. 독일은 끊임없이 스스로의 책임을 통감하는 모습을 보이며 나치즘에 대한 경계를 게을리 하지 않았습니다. 이와 달리 일본은 과거의 일을 묻어버리고, 혹은 미화하기까지 하는 모습을 보여 주변으로부터 많은 비난을 받고 있습니다. 과거의 잘못으로부터 아무것도 배우지 못한다면 똑같은 잘못을 저지르기 쉽게 되지요. 이것이 일본이 가장 비난을 받는 이유입니다.

과학계 또한 마찬가지입니다. 스스로 되돌아보며 잘못된 관행을 끊고, 경계해야 하겠지요. 남이 하면 불륜이고 내가 하면 로맨스라는 식의 태도는 곤란할 것입니다. 그래서 이번 책에서는 과거 과학계에서 일어났던 잘못된 일들을 조금은 집요하게 파고 들어가는 한편, 현재에도 나타나고 있는 문제들을 함께 살펴보는 것이 중요하겠다고 생각했습니다. 과학이라는 이름 아래 일어나는 유사과학은 대중을 더 현혹시키기 때문이기도 합니다.

꿈이라는 이름의 합리화

1957년, 구 소련이 인류 최초의 인공위성 스푸트니크Sputnik
를 발사합니다. 당시 세계는 미국을 중심으로 한 자본주의 진영
과 소련을 중심으로 한 공산주의 진영이 냉전을 벌이던 시기였지
요. 우주를 향한 경쟁에서 소련이 미국을 추월한 순간입니다. 그
리고 다시 소련은 최초로 인간을 로켓에 태워 우주로 보냅니다.
비행사는 유리 가가린Yurii Gagarin이었죠. 그는 소련의 국민 영웅
이 됩니다.

반대로 미국은 난리가 났지요. 당시 최고의 과학기술을 자
랑하던 미국은 크게 한 방을 먹습니다. 발등에 불이 떨어진 미국

은 당시 여기저기 나눠져 있던 로켓 개발팀들을 모두 모아 미 항공우주국National Aeronautics & Space Administration, NASA을 설립합니다. 항공우주국의 총 책임자는 베르너 폰 브라운이었습니다.

정식 이름이 베르너 마그누스 막시밀리안 프라이헤어 폰 브라운Wernher Magnus Maximilian Freiherr von Braun인 그는 독일의 전쟁범죄자, 즉 전범이었습니다. 히틀러 치하에서 악명을 떨쳤던 나치친위대 SSWaffen-SS출신이었지요. 2차 대전 당시 연합군에게 충격을 주었던 V2로켓의 개발자였습니다. 1912년 독일제국의 포젠 지방에서 태어난 그는 어려서부터 과학에 심취한 인물이었습니다. 그의 나이 겨우 12살에 장난감 수레에 불꽃을 붙였는데 이것이 시장에서 폭발해 난리가 나기도 했으니까요. 그리고 14살 생일에 어머니에게 선물로 받은 천체망원경을 계기로 우주에 대한 꿈을 키우기 시작했습니다. 이후 우주로 나가겠다는 일념으로 로켓을 연구하기 시작하지요. 베를린 기술대학에 입학해서도 우주비행 동호회에 가입합니다. 그리고 베를린 대학에서 물리학 박사 학위를 받습니다. 그리고 당시 날고 기는 기술자와 과학자들 사이에서 최고의 로켓 분야 권위자로 손꼽힙니다. 명성을 얻은 후에도 열심히 로켓을 만들지요.

뭐 여기까지야 그냥 우주 덕후의 모습으로 이해할 수 있는 부분입니다. 그런데 이때 쯤 나치가 정권을 잡습니다. 그리고 민

과학이라는 헛소리

간에서의 로켓 개발을 전면 금지시키지요. 대신 군사 기지 한 곳에 거대한 로켓 실험단지를 만듭니다. 로켓 연구를 하기 위해서는 이 군사 기지로 갈 수밖에 없었습니다. 폰 브라운은 기꺼이 그곳의 책임자가 되어 로켓 개발에 열심을 내었고 마침내 V2로켓을 개발하기에 이릅니다. 패전의 기운이 짙어가던 1944년, V2로켓은 영국 공습에 사용됩니다. 이미 제공권을 상실한 독일이 쓸 수 있던 마지막 무기였지요. 그러나 로켓으로도 이미 기운 전세를 돌이킬 순 없었고, 1945년 독일은 패망합니다.

그런데 미국의 대응이 웃깁니다. 폰 브라운은 누가 봐도 확실한 전범戰犯입니다. 1932년 나치당에 가입했고, 1940년 그 유명한 나치 무장친위대 SS의 장교가 되었죠. 그의 최종 계급은 무장친위대 소령이었습니다. 그런데도 그를 구속하여 재판에 넘기지 않고, 데려와 미 육군의 로켓 개발 책임자로 앉힙니다. 2차 대전 당시 독일의 로켓 기술은 단연 발군이었습니다. 당시 독일의 로켓 기지를 조사한 미군의 보고서에 따르면 독일의 로켓 기술이 미국보다 적어도 25년 이상 앞서있다고 평가했을 정도였으니까요. 탐이 나지 않을 수 없었겠지요.

독일의 로켓 연구소를 점령한 것은 미국이 아니라 구 소련, 지금의 러시아였지요. 그곳의 로켓들도 소련이 싹 쓸어갑니다. 하지만 로켓을 개발했던 사람들은 폰 브라운을 따라 로켓 기지를 탈출하여 미리 기다리고 있던 미군 특수조직에 항복합니다. 결국 폰 브라운이 소련 대신 미국을 선택한 것이라 봐도 무방하지요. 사실 미국으로서는 다행이었습니다.

2차 대전의 전황이 연합군의 승리로 귀결될 조짐이 보이자 미국은 소련을 다음의 주적으로 생각합니다. 모두 아시다시피 2차 대전의 종전과 더불어 냉전이 시작되지요. 따라서 미국은 독일의 우수한 과학자와 기술자, 그리고 여러 자원들을 소련보다 먼저 확보하기 위해 종전 전부터 여러 가지 공작을 펼칩니다.

그래서 전범이 되어야 할 이가 로켓 개발 책임자가 된 것입니다. 물론 폰 브라운과 그의 동료들이 처음부터 중용되지는 못했습니다. 아무래도 2차 대전 당시 독일 군대의 소속이었으니 미국과 미군 내에서도 그에 대한 경계가 없지는 않았을 것이기 때문입니다.

그러나 앞서 말했듯이 소련이 인공위성을 먼저 쏘아 올리자, 상황이 일변하고 맙니다. 폰 브라운을 총 책임자로 세운 미 항공우주국은 로켓 개발에 엄청난 인력과 자금을 투입합니다. 결국 미국은 소련을 제치고 최초로 달에 사람을 보내게 됩니다. 1969년의 일이었지요.

2차 대전 당시 폰 브라운의 행적에 대해선 여러 가지로 설왕설래가 있습니다. 나치에 적극적으로 부역을 했다는 주장에서부터 어쩔 수 없는 상황이었다는 주장까지 다양하지요. 특히 로켓 개발과 제작 과정에서 포로와 죄수의 강제노동이 있었다는 점, 그리고 이 과정에서 희생된 이가 1만 명에서 최대 2만 명에 이른 다는 사실은 가장 크게 논란이 되는 부분입니다. 폰 브라운은 강제 노동에 대해 자신이 책임자가 아니었다고 이야기하지만, 최소 묵인했다는 것만은 부인할 수 없는 사실입니다.

많은 이들이 폰 브라운을 현대 로켓의 아버지라고 부릅니다. 2차 대전 이후 개발된 소련과 미국의 로켓은 모두 그가 개발한 V2로켓을 기본으로 하여 만든 것이지요. 그러나 반대로 그의 행적에 대해 비판적 시각을 가져야 하는 것 또한 사실입니다. 로켓 개발과 우주여행이라는 자신의 개인적 목표를 이루기 위해 다른 것은 신경 쓰지 않아도 좋은 것일까요? 나치에 대한 협력도 결국은 로켓 개발을 위해서라면 누구하고도 손을 잡을 수 있다는 그의 판단에 따른 것이니 책임을 면할 순 없습니다. 그는 스스로 말했습니다. '나는 공식적으로 국가사회주의당(나치)에 들길 요구당했다. 그 요구를 거절하는 것은 내가 내 인생의 일을 단념해야 한다는 것을 의미했기 때문에 나는 가입을 결정했다. 1940년 봄, 한 대령이 나를 나치 친위대에 가입시키기 위해 왔다고 했다. 군 상사 도른베르거를 불렀다. 그는 내가 공동연구를 계속하길 원한다면 가입하는 방법밖에 없다고 했다.'

결국 그는 로켓 개발이라는 자신의 목표를 위해 나치에 가입했고, 심지어 친위대에도 가입합니다. 이후 친위대 경력과 나치와 관련된 사항에 대해 변명으로만 일관하고 한 번도 사과를 하지 않았습니다. 그는 자기가 하고 싶은 로켓 연구를 평생 동안 실컷 했지만, 그 과정에서 로켓을 개발하다 죽은 포로와 죄수들, 그리고 V2로켓에 사망한 영국의 민간인들에게는 어떠한 사죄도 하지 않았지요.

물론 독가스나 로켓의 개발이 이들 한 명의 힘만으로 이루어진 것은 아닙니다. 수많은 과학적 발견이 대부분 그렇듯이 일정한 수준의 기술과 과학, 그리고 이것이 사회적 요구와 만나는 지점은 당대의 여러 과학자들에게 연구해야 하는, 그리고 연구할 만한 주제였지요. 독가스가 바로 당시의 그런 지점이었습니다. 대량살상무기의 역사는 그 이전부터였고, 어떻게 적군을 적은 비용으로 대량으로 몰살시킬 것인가는 군부와 정권의 최대 관심사였습니다. 그런 요구들에 의해 대량살상무기가 만들어졌지요. 당시에도 독가스나 로켓을 연구하던 과학자들은 하버나 폰 브라운 하나만이 아니었습니다. 그렇다고 이에 직접 가담한 과학자들의 책임이 옅어지는 것은 아닙니다. 흔히 '위에서 시켰기 때문에', '난 과학만 하지 사회나 정치 문제엔 무관하니까', '조국이 원하니까'라는 식의 말을 하는데 이는 변명에 불과할 뿐이지요.

폰 브라운의 이야기는 과거의 일만이 아닙니다. 이후에도 핵폭탄 개발, 수소폭탄 개발 등 대량살상무기의 개발 과정에 과학자들의 참여는 계속 있어 왔습니다. 인공지능 킬러로봇, 요인 암살용 드론 등 더 효율적으로 인명을 살상하는 무기에 대한 연구가 지금도 과학자들에 의해 계속되고 있지요. 물론 과학자 사회에서도 이런 반인류적 행위에 과학이 이용되는 것을 좌시하지 않겠다는 움직임이 당연히 존재합니다. 하지만 국가, 그리고 이와 결탁한 과학자들에 의한 대량살상무기의 제작은 현재도 공공연히 그리고 은밀히 진행되고 있습니다. 폰 브라운의 일을 지나간 과거로만 볼 수 없는 이유입니다.

전 세계적 사기극

과학자라고 항상 순수하기만 하겠습니까? 자신의 가설에 확신을 가지고 실행한 실험이나 관측 결과가 예상과 다르면 가설에 맞는 데이터만 선별하는 경우도 있고, 때로는 아예 데이터 자체를 조작하기도 합니다. 우리나라에서는 황우석 박사가 대표적인 경우지요. 워낙 유명한 사건이기는 하지만 실제 사실 관계가 어찌되는지는 한번 살펴볼 필요가 있을 듯합니다.

2004년, 『사이언스』는 인터넷 속보를 통해 서울대 수의대 황우석 교수팀이 세계 최초로 사람 난자를 이용하여 체세포를 복제하고 이로부터 배아 줄기세포를 만드는 데 성공했다고 발표합

과학이라는 헛소리

니다. 우리나라뿐만 아니라 전 세계적으로도 큰 뉴스였습니다.

왜 이 소식이 당시에 파장이 컸는지를 알기 위해서는 먼저 줄기세포에 대해 알아봐야 합니다. 인간의 몸을 구성하는 세포는 약 220종류 입니다. 표피세포, 근육세포, 신경세포, 원추세포 등 다양한 종류가 있지요. 그리고 대부분의 세포는 몇 번의 세포 분열을 끝내면 더 이상 분열하지 못하며, 각기 세포마다 정해진 수명을 다하면 사라집니다. 따라서 우리 몸에는 정해진 수명 없이 계속 세포분열을 통해 새로운 세포를 공급하는 세포가 있어야 하는데 이런 세포를 줄기세포라고 합니다. 뼈 안에 있는 조혈모세포나 신경줄기세포, 중간엽 줄기세포, 피부줄기세포 등이 그 예입니다.

이런 줄기세포들은 성인의 몸에서도 발견할 수 있어서 흔히 성체줄기세포라고 합니다. 이들은 그러나 특정한 세포로만 분화될 수 있다는 한계가 있습니다. 즉 조혈모세포는 혈구세포로, 피부줄기세포는 피부로, 후각신경세포는 후각신경으로만 발달합니다. 더구나 이런 세포는 면역거부반응을 일으키기 때문에 타인에게 기증하거나 공여하기가 힘들지요.

이와 반대로 어떤 종류의 세포든지 될 수 있고, 면역반응도 없는 아주 기가 막힌 줄기세포가 있는데 이를 배아줄기세포라고 합니다. 배아란 표현은 정자와 난자가 합쳐져 수정란이 된 상태에서 태아로 사람의 형태를 갖추기 이전까지의 단계를 말합니다. 대략 임신 후 한두 달 정도의 기간이 되겠지요. 이때는 아직 세포가 다양한 종류로 분화되기 이전입니다. 이때의 세포들은 온갖 종류의 세포로 분화가 가능한 만능줄기세포가 되는 거지요. 그래서 많은 과학자들이 이 배아줄기세포를 이용해서 유전병 등 다양한 질병을 고치려는 연구를 하고 있습니다.

하지만 문제가 있습니다. 정자와 난자가 만나서 수정란을 만들고, 이 수정란은 세포분열을 하며 장차 인간이 될 준비를 합니다. 그런데 이런 세포들을 타인의 병을 고치기 위해 빼내어 버리면 나머지는 파괴가 되어버리는 거지요. 즉 한 명의 인간으로 자라날 가능성이 있는 존재를 말살해 버리는 결과가 됩니다. 물론 어느 시점부터 인간이라고 볼 수 있느냐에 대한 논쟁은 단순히 과학으로만 판단할 수는 없습니다. 사회 구성원들의 다양한 의견 또한 저마다의 윤리적 관점과 종교, 전통에 따라 다르기 때문입니다. 중요한 도덕적 판단이 필요한, 대단히 민감한 문제이기 때문에 전 세계의 거의 모든 나라들이 배아줄기세포 연구에 대해 엄격한 윤리적 기준을 따르고 있습니다.

이 문제를 해결하기 위해 유도만능줄기세포라는 걸 연구하기도 합니다. 즉 성인의 세포를 이용해 배아줄기세포를 만든다는 것인데요. 이를 초기화 혹은 역분화라고도 합니다. 그러나 아직

과학이라는 헛소리

그 성과가 실제 치료에 이용되기에는 넘어야 할 산이 많습니다. 그래서 또 다른 방법으로 난자의 핵을 제거하고 성인의 세포핵을 집어넣어 수정란을 만드는 방법을 연구하기도 합니다. 즉 정자나 난자의 핵이 아니라 이미 다 큰 성인의 체세포 핵을 난자에 주입한 수정란을 만들어 이런 윤리적 문제를 피해 보겠다는 것이지요. 동물실험에서는 이미 많이 쓰이는 방법입니다. 복제양 돌리를 시작으로 쥐, 코요테, 소 등 다양한 포유류를 대상으로 한 실험이 성공적이었지요. 황우석 박사의 연구도 바로 이 지점이었습니다. 사람의 난자에서 난핵을 제거하고 성인의 체세포 핵을 집어넣어 수정란을 만들고, 이렇게 만들어진 배아줄기세포로 각종 질환을 치료하겠다는 것이었습니다. 2004년 『사이언스』지에 속보로 뜨고, 전 세계를 놀라게 한 이 뉴스는 바로 이를 세계 최초로 성공시켰다는 것이었습니다.

그러나 언론과 내부 고발자들에 의해 황우석 박사의 논문이 조작된 것이라는 사실이 밝혀집니다. 우리나라 과학계에서 해방 이후 현재까지 일어난 사건 중 최고의 흑역사라 할 수 있는 사건이지요. 시작은 난자 기증의 문제였습니다. 지금까지의 설명에서 드러나듯이 이 연구를 위해선 난자가 필수적입니다. 한두 개가 아니라 대량으로 필요합니다. 그러나 성인 여성은 한 달에 하나 정도의 난자를 배란하게 되지요. 또 기증자가 많지도 않습니다.

따라서 난자를 대량으로 확보하기 위해서는 기증 여성에게 호르몬 요법을 통해 대량으로 난자를 배란하게 만들어야 하는데 이 과정에서 해당 여성에겐 여러 가지 부작용이 따릅니다. 그래서 자신의 의지와 무관하게 난자를 '강제'로 기증하게 되는 것을 막기 위해 기증을 할 수 없는 여성군을 미리 정해놓는데, 이에는 해당 연구를 하는 여성 연구원들도 포함됩니다. 황우석 박사팀에서 연구를 하는 여성들의 경우 우리가 예상할 수 있듯이 '을'의 위치에 놓이게 되고 자신의 의지와 무관하게 기증을 강요받을 수 있기 때문이지요. 그리고 기증 여성에게 금전적 보상을 하는 것도 막고 있습니다.

최초의 문제 제기는 이 지점이었습니다. 연구원들의 난자가 기증되었고 또 공동연구를 하던 미즈메디 측에서 기증자에게 금전적 보상을 했다는 사실이 드러났지요. 그러나 이런 사소한 정도를 가지고 중요한 연구를 하는 황우석 박사팀을 비판했다며 많은 사람들이 오히려 이 문제를 폭로한 언론(MBC 피디수첩)을 비난했습니다. 그러다가 생물학연구정보센터BRIC와 한국과학기술인연합SCIENG을 통해 논문에 대한 의혹이 제기되었고, MBC 피디수첩을 통해 논문 조작 가능성이 드러나면서 사태는 다시 걷잡을 수 없게 됩니다. 결국 줄기세포 자체가 만들어지지 않았다는 결론에 이르게 됩니다. 그러나 2~3년간의 논란이 지난 후 황우석 박사는 현재도 수암생명공학연구원이라는 연구소를 통해 계속 활동하고 있습니다. 창피한 일이지요.

황우석 박사의 논문 발표 10년 뒤인 2014년 1월, 세계적 학술지 『네이처』에 줄기세포와 관련한 엄청난 논문이 발표됩니다. 평범한 세포를 약산성 용액에 잠깐 담그기만 하면 어떤 세포로도 변할 수 있는 '만능세포'를 개발했다는 내용이지요. 일본 이화학연구소RIKEN 오보카타 하루코Obokata Haruko 연구주임은 실험용 쥐 세포를 일정 농도로 조절한 약산성 용액을 이용해서 배양하면 체세포가 초기 상태의 줄기세포로 변화하는 것을 확인했고, 이를 분석해서 체세포 분화 메모리가 리셋되는 과정을 거치며 역분화 세포화가 이루어졌다고 발표했습니다.

황우석 논문 조작 사건 이후 체세포를 난자에 넣어 새로운 수정란을 만드는 체세포배아줄기세포 방식은 여성의 난자를 파괴하기 때문에 난자를 구하기도 어렵고 윤리적 문제도 많아서 사실상 많은 연구자들이 포기를 했습니다. 대신 역분화줄기세포 방식이 세계 과학계를 주도하고 있었습니다. 2012년 야마나카 신야Yamanaka Shinya 교수가 이 분야의 연구공로로 노벨상을 타기도 했지요. 다만 역분화줄기세포의 경우에는 분화를 촉진하기 위해 사용하는 유전자가 발암 유전자여서 암 발생의 위험을 가지고 있다는 점이 문제였습니다. 그런데 오보카타 하루코의 발표에 따르면 약산성 용액에서의 배양 방법은 더 간단하고 빠르며, 암 유발 유전자도 사용하지 않아 대단히 획기적인 기술이었습니다.

일본은 물론이고 전 세계가 놀랐습니다. 하지만 황우석 사태에서 배워서일까요? 이번에는 더 조심스럽게 접근하는 연구자들이 많았습니다. 유럽과 미국에서 오보카타 하루코가 제시한 방법으로 아무리 실험을 해도 재현이 되지 않는다는 보고가 잇달았습니다. 4개국 출신 7개 연구팀이 총 133번이나 실험을 했지만 한 번도 성공하지 못한 것이지요. 몇 개월이 되지 않아 논문의 진실성에 의문을 보이는 이들이 많아졌습니다. 더구나 논문에 쓰인 배아줄기세포 사진이 실제 실험결과 사진이 아니라 몇 년 전 다른 논문에 실렸던 사진임이 밝혀지고, 그가 만들었다는 만능세포는 수정란에서 유래한 배아줄기세포로 판명되고 맙니다.[37]

결국 공동연구자이자 오보카타 하루코를 이화학연구소에 영입했던 사사이 요시키 부소장이 그해 자살을 하고, 오보카타 하루코는 박사학위 자격을 박탈당하고 맙니다. 일본판 황우석 사태라고 봐도 과언이 아니었지요.

연구자들이 하는 일 중 가장 중요한 것을 꼽으라면 아마도 논문 출판일 것입니다. 자신의 연구 성과를 모아 동료 과학자들에게 '나 이런 거 연구했고, 이런 결과를 얻었다'라고 알리는 일이지요. 이를 통해서 동료 과학자들이 그를 평가하고, 그가 몸담고 있는 연구소 혹은 대학도 논문의 제출 편수와 논문의 인용지수 등을 중요한 평가 자료로 활용합니다.

앞서 말씀드린 것처럼 논문은 썼다고 해서 다 출판되는 것은 아닙니다. 물론 지명도가 아주 낮은 학술서의 경우 게재료만 내면 되는 경우도 있다지만 연구자들 스스로도 이왕이면 좀 더 신임도가 높고 권위 있는 학술지에 논문이 게재되기를 원합니다. 그래서 자신의 연구결과가 괜찮다는 판단이 들면 최대한 권위가 높은 곳에 게재하려고 하지요. 학술지들도 투고된 논문에 대해 동료 평가peer review를 통해 나름대로 확인 과정을 거칩니다. 그리고 동료 평가에서 통과된 논문들만이 게재가 결정됩니다. 이 과정은 짧게는 3개월이지만 길면 1년이 넘어가기도 하는데 아주 힘든 과정이지요. 그런데 이렇게 게재된 논문에 대해 학술지 측에서 철회를 결정하는 경우가 있습니다. 논문을 제출한 연구자에게는 엄청난 불명예이자 경력에도 손상이 가지요. 학술지로서도 체면이 구겨지는 일이기도 하고요.

따라서 학술지가 스스로 검토하여 게재한 논문을 철회할 때는 게재할 때보다 훨씬 더 엄격한 확인 절차를 거칩니다. 그렇다면 철회가 결정된 논문들은 어떤 문제가 있는 걸까요? 국제 논문 표절 감시 사이트인 리트랙션 워치Retraction Watch[38]에 따르면 논문 철회의 대부분은 연구 부정행위에 의한 것이라 합니다.

2017년 스프링거Springer의 의학학술지 『종양생물학Tumor Biology』은 하루에 107편의 논문 게재를 취소합니다.[39] 이유는 부정 동료 평가입니다. 과학기술이 발달하면서 전문 연구 분야가 더욱 세분화되는 추세가 지속되다 보니 학술지에서 동료 평가를 담당할 연구자들을 찾기가 힘들어졌습니다. 그래서 일부 학술지에서는 연구 분야가 생소한 경우 논문 저자에게 동료 평가를 담당할 연구자를 추천할 수 있도록 허용하고 있습니다.

그런데 어떤 연구자들이 실제 연구자 이름에 연락할 이메일을 자신이 관리하는 가짜 이메일 주소로 알려준 것이죠. 따라서 동료 평가 요청을 저자 자신이 받아 관리할 수 있도록 했습니다. 또는 자신과 친분 관계가 있는 동료만 추천한 경우도 있지요. 특히나 이런 학술지들 대부분이 미국과 유럽에 주로 있다 보니 아시아 권역 연구자들의 경우 연락을 취할 방법이 이메일 하나인 경우가 많아 이러한 일이 잘 일어납니다. 앞서 종양생물학의 경우도 게재가 철회된 연구자 대부분이 중국 출신이고 논문 게재 요청 당시의 소속도 중국의 대학이나 연구소인 경우가 많았습니다. 이렇게 대규모 논문 철회가 일어나자 중국에서는 난리가 났지요. 중국 정부가 나서서 조사를 한 결과, 논문을 게재한 사람과 동료 평가를 한 약 500명의 연구자들이 유죄 판결을 받게 되었고 소속 기관 역시 징계를 받았습니다.

과학이라는 헛소리

어느 분야이건 간에 거짓으로 서둘러 자신의 성과를 쌓고 이를 이용해 폼 좀 잡으려는 이들이 있는 건 마찬가지입니다. 과학계라고 다를 게 없지요. 제대로 수행되지 않은 실험을 성공한 양 논문을 쓰고, 동료를 속이는 사람들이 없진 않습니다. 황우석 박사와 오보카타 하루코, 그리고 중국의 과학자들도 모두 그런 케이스이지요.

다만 다행스러운 것은 과학계에서는 중요한 결과를 보여주는 논문이라면 다른 과학자들이 동일한 실험을 통해 재현성을 확인한다는 것입니다. 이를 통해 거짓 논문은 대부분 길지 않은 시간에 그 실체가 드러납니다. 아무리 실험을 해 봐도 동일한 결과가 나오지 않기 때문이지요. 반대로 어떤 논문의 거짓말이 오랜 기간 드러나지 않는다면 그 논문이 별로 가치가 없는 경우가 대부분입니다. 기껏 거짓말을 썼는데 동료 과학자들이 관심조차 가져주지 않은 것이지요.

실험 설계가 중요한 이유

　교육학에서 꽤나 유명한 마시멜로 실험이 있습니다. 1960년, 스탠포드대학교의 심리학자 월터 미셸Walter Mischel이 3~5세의 아이들을 대상으로 이들의 의지를 실험해 본 것이지요. 마시멜로를 보여주고 지금 먹고 싶으면 얼마든지 먹어도 된다고 알려준 뒤, 실험자가 나가 있는 10분 동안 마시멜로를 먹지 않고 기다리고 있으면 하나를 더 주겠다고 알려주고 자리를 비웁니다. 실험에 참가한 아이들 중에는 이 10분을 기다린 아이도 있고, 그냥 먹어버린 아이들도 있었지요.

　그 뒤 미셸 교수는 실험에 참가한 아이들이 어떻게 자라는

지 지속적으로 관찰해 보았습니다. 그 결과 참고 기다렸던 아이들이 학교 성적도 우수하고 똑똑하게 자랐으며 좋은 직장을 얻어 소득도 높더라는 사실을 확인했다는 것이 주된 내용입니다.

이 실험이 유명해진 뒤 어릴 때부터 참을성과 의지를 길러 주는 것이 대단히 중요하다는 인식이 확산되었지요. 그런데 뉴욕 대학교의 타일러 와츠Tyler Watts, UC 어바인의 그레그 던컨Greg Duncan, 호아난 쿠엔Haonan Quan이 발표한 연구에 따르면[40] 이러한 의지가 장래의 성공과는 별로 관계가 없음을 밝힙니다. 아이의 가정환경, 부모의 교육 수준 등을 고려하면 어떤 상관관계도 없다는 거지요.

타일러 와츠는 이렇게 설명합니다. "아이의 배경과 가정환경 등을 고려해 실험결과를 다시 해석하면, 어렸을 때 당장의 유혹을 참아내고 기다릴 줄 아는 능력이 훗날 인생의 성공을 담보하지는 않는다는 것을 알 수 있다. 부모들은 자식이 참을성과 의지가 부족하다고 걱정하지 않으셔도 될 것 같다."

뉴욕대의 연구는 총 900명의 아이를 대상으로 인종이나 가정환경 등의 요건을 다양하게 반영한 것이었습니다. 반면 월터의 실험은 스탠포드 대학 교직원의 자녀만을 대상으로 했고 확인 사례도 50여 명에 불과했지요. 제대로 된 실험이 잘못된 실험이 만들어 낸 잘못된 결과를 뒤집어 버린 것입니다.

실험결과에 대해서도 새로운 해석이 생겨났습니다. 가난한 아이들은 기다리지 않고 바로 먹어버리는 경향이 있었고 부유한 집의 아이들은 기다리는 경향이 있었습니다. 결국 우리가 잘 아는 것처럼 사회적 성공과 학업 성적이 경제적 환경과 밀접한 관련이 있다고 했을 때, 마시멜로 먹기와 사회적 성공은 우연한 일치일 뿐이라는 것이죠.

또한 마시멜로를 먹거나 기다리는 이유에 대해서도 다른 해석이 가능합니다. 가난한 집 아이들의 경우 당장의 끼니를 걱정하는 형편이다 보니 먹을 것이 있을 때 바로 먹어버리는 것이 낫다는 것을 경험으로 체득했을 수 있다는 것이죠. 부모들이 가난하다 보니 먹을 것을 사 주겠다고 한 약속을 어기는 경우가 부득이하게 있었을 것이고, 이것이 미래에 대한 약속을 회의적으로 느끼게 만들었을 수 있다는 것입니다. 반면 부유한 집의 아이들은 항상 먹을 것이 풍족한 상황이다 보니 기다리는 것이 별반 손해가 아니며 부모가 그에 대한 약속을 어기는 경우도 적었을 것이란 추측이 가능합니다. 약속에 대한 기대치가 가난한 집 아이보다 더 높을 수 있다는 것이지요.

물론 이러한 가설은 더 검증되어야 합니다. 하지만 이를 통해 교육학과 같은 사회학에서도 엄밀한 과학적 방법론에 의한 실험이 그렇지 않은 경우보다 결과에 있어 훨씬 사실에 가깝게 됨을 확인할 수 있습니다. 실제로 후속 실험 중에는 선생님에 대한 신뢰도가 기다리는 시간에 큰 영향을 준다는 시사점을 보여준 경우도 있습니다.

미국 로체스터 대학의 인지과학자 키드Celests Kidd 연구팀은 세 살에서 다섯 살 사이 아이들에게 미술 활동을 하게끔 하는 실험을 합니다. 아이들에게 크레파스를 모두 제공하지요. 그리곤 색종이와 찰흙을 줄 거라고 약속합니다. 그중 절반의 아이들에겐 실제로 색종이와 찰흙을 주었고 나머지 절반에겐 없다며 제공하지 않았지요. 그리고 뒤이어 마시멜로 실험을 합니다. 찰흙과 색종이를 받았던 아이들은 평균 12분을 넘기며 기다렸지만 받지 못했던 아이들은 평균 3분 정도밖에 기다리지 않았습니다. 앞서의 미술 활동 과정에서 선생님에 대한 신뢰를 쌓았던 경험과 신뢰를 상실했던 경험이 이런 결과를 낳은 거지요. 결국 약속한 이에 대한 신뢰가 실험에 영향을 끼치는 것인데, 이는 아이들이 어떤 환경에서 커 왔는가와 지극히 깊은 연관관계를 가진다는 사실을 보여줍니다. 아이들의 인내심이 주변 사람들과의 상호관계에 의해 형성될 수 있다는 것이니까요.

그리고 또 다른 후속 실험이 있었습니다. 마시멜로를 덮개로 덮어놓자 아이들의 기다리는 시간이 훨씬 길어집니다. 혹은 아이들에게 재미있는 생각을 하라고 부탁하자 역시 기다리는 시간이 길어집니다. 반대로 두 개의 마시멜로를 생각하라고 부탁하자 대부분의 아이들이 바로 마시멜로를 먹어버립니다. 마시멜로 실험은 결국 인내심이나 통제력만의 문제가 아니었다는 점이 밝혀진 것이지요.

최초의 마시멜로 실험이 유명해진 뒤 얼마나 많은 아이들이 '그깟 간식 좀 기다렸다 먹는다고 당장 굶어 죽니? 기다릴 줄 알아야 하는 거야!'라는 타박을 들었을지 생각해 봐야 합니다. 타박뿐이겠습니까? 아이들의 인내심과 의지를 길러준다는 미명하에 행해진 교육들이 오히려 아이를 억압하고 힘들게 할 뿐이었는지도 모릅니다.[41]

쇼닥터와 데이터마사지

현대 심리학에서 프로이트와 융은 물리학에서의 아리스토텔레스와 비슷한 위치를 차지하고 있다고 할 수 있습니다. 즉 심리학의 발달에 커다란 영향을 미쳤고, 그래서 역사적으로 탐구할 가치는 충분히 있지만, 애석하게도 현대 심리학에서는 그 자취를 찾아보기 힘든 이들이지요. 하지만 아직도 심리학 이외의 학문에서 프로이트와 융이 소환되는 일은 아주 잦고, 그들의 정신분석학을 유효한 것으로 여기는 경우도 꽤나 많이 목격됩니다. 물론 현재의 심리학에서도 정신분석이란 용어는 쓰입니다만 프로이트와 융과 같은 의미를 가지진 않습니다.

이제 심리학도 실제적인 데이터를 기반으로 연구를 수행하지요. 데이터에 기반하지 않은 선험적이고 논리적이기만 한 추론은 의미를 가지지 못합니다. 결국 프로이트나 융의 연구는 지금의 방법론으로 보자면 과학적이지 않은 것이지요.

가설을 설정하고, 그 가설에 맞게 실험 설계나 연구 설계를 하고, 그 계획에 따라 꼼꼼하게 실험과 연구를 여러 번 진행하고, 그 결과를 비교하여 누구나 납득할 수 있게 만드는 것이 현대적 연구 방법입니다. 그러나 이렇게 과학적 방법론이 이미 도입된 현대에서도, 심리학의 탈을 쓴, 사이비스러운 유사과학들이 아직 존재합니다.

브라이언 완싱크Brian Wansink라는 사람에 대해 들어본 적이 있으신가요? 이력이 꽤 특이한 분입니다. 학사 때는 경영학을 전공하여 학위를 받았고, 이후 언론학 및 대중 커뮤니케이션 석사를, 마지막으로는 스탠포드대학에서 소비자 행동 박사 학위를 받았습니다. 그리고 다트머스대와 암스테르담 자유대학, 펜실베니아 주립대 등 쟁쟁한 대학에서 교수직을 역임하고, 이어서는 코넬 대학에서 식품 브랜드 연구소 소장을 지냈다고 합니다. 한편 이 어마어마한 경력의 소유자는 우리나라에도 번역되어 소개된 『나는 왜 과식을 하는가Mindless Eating』와 『슬림 디자인』의 저자로도 유명한 인사입니다.

이 사람을 전 세계적으로 유명하게 한 연구가 있습니다. "음식을 작은 그릇에 담으면 적게 먹는다. 군것질 거리를 꺼내기 어려운 곳에 두면 덜 먹는다"는 이야기를 처음 꺼낸 것이 바로 이분인데요. 다이어트에 관심을 가진 사람이면 한 번쯤 들어본 이야기일 겁니다. 그는 개인이 통제하기 힘든 환경의 영향 때문에 잘못된 식습관이 형성된다며, '영혼 없는 식사법'을 개선하기 위해서는 의식적으로 환경을 조성하고 바꿔 주어야 한다고 했습니다. 작은 접시에 담긴 음식은 더 커 보이기 때문에 충분히 많이 먹었다고 생각하게 된다는 것이죠. 또 이런 주장도 했습니다. "당신이 무엇을 먹을지는 레스토랑의 어느 자리에 앉는가에 의해 결정된다. 창가에 앉으면 샐러드를 주문할 확률이 80% 높아지고, 구석에 앉으면 디저트를 먹을 확률이 80% 더 높아진다."

그의 주장은 미국의 언론을 통해 퍼져나가고 대단히 큰 반향을 불러일으킵니다. 그는 TV 프로그램에 출연해 구체적인 수치를 보여주며 자신의 주장을 설득력 있게 전파합니다. 다이어트로 힘들어하던 사람들은 한편으로 위안을 얻고 또 용기도 얻습니다. '다이어트에 실패한 건 내가 의지가 약해서가 아니라 접시가 커서였어. 괜히 음식점 구석자리에 앉아서 많이 시켰던 거야.' 이런 위안을 얻으며 작은 접시를 구매하고, 유리창이 큰 음식점을 골라 창가에 앉으며 의욕을 불태웠습니다.

그러나 그가 실험결과에 대한 통계 분석과 결과보고 과정에서 일종의 사기극을 벌였다는 것이 밝혀집니다.[12] 접시 크기 연구는 미식축구 관람을 위한 파티에 참석한 학생을 대상으로 진행되었습니다. 학생들에게 큰 접시와 작은 접시를 무작위로 제공하고 담긴 간식의 무게를 측정했습니다. 완싱크의 이야기처럼 작은 접시를 받은 학생들이 간식을 적게 담았다고 데이터는 말합니다. 하지만 남학생에게는 이런 경향이 전혀 나타나지 않았습니다. 즉 여학생의 경우에만 그러했던 것이죠. 그러나 완싱크는 논문에 이런 점을 쓰지 않았고, 마치 모든 사람들에게 유의미한 결과를 얻은 것처럼 이야기했습니다. 실험 설계 자체에도 문제가 있었습니다. 파티 현장이다 보니 당연히 술이 함께였겠지요. 그러나 음주 유무에 대해서는 아무런 언급도 없었습니다.

그는 2012년에 출판한 또 다른 연구에서 "흥미를 유발하는 이름을 붙이면 아동의 채소 섭취가 증가한다"라는 주장을 합니다. 부모님들이 엄청 좋아할 이야기죠. 이를 검증하기 위해 8~11세의 어린이들에게 '엑스레이 투시 당근', '오늘의 채소'라는 이름표가 달린 당근을 보여 주고 섭취량을 관찰합니다. 그리고 자신의 가설이 정확히 맞았다고 주장합니다. 그러나 후에 당시 아이들이 3~5세였으며 글자를 읽을 줄 몰라 어른이 읽어 주었다는 사실이 밝혀졌지요. 이 글을 읽으시는 분 중에는 '아니 직접 읽는 것과 어른이 읽어주는 것의 차이가 뭐야?'라고 생각하는 분도 계실 겁니다. 그러나 아이들을 대상으로 연구하는 학자들에 따르면 이 둘은 실험결과에 엄청난 영향을 미친다고 합니다. 두 이름에 대한 선호도의 차이가 어른이 읽어 주는 과정에서 드러날 수도 있기 때문이지요.

완싱크의 이런 문제가 드러난 것은 자신의 블로그에 남긴 글에서 시작됩니다. 그는 학생들을 격려하면서 '데이터를 뒤지다 보면 무엇이라도 얻을 수 있다', '멋진 데이터는 멋진 결과를 수반하기 마련'이라는 글을 남겼지요. 과학적 연구 방법론을 잘 모르는 분들은 이 내용에 무슨 문제가 있는지 알아차리기 힘들 수도 있습니다. 그러나 이는 '통계 사냥' 혹은 'p값 사냥p-hacking'이라고 불리는 행위입니다. 자신이 원하는 혹은 어떤 연관 관계가 있을 듯 보이는 결과가 나올 때까지 데이터를 재분석하는 것으로, 연구자들 사이에서는 금기시되는 행위입니다.

가령 여러분이 20대 여성의 소비성향을 연구하기 위해서 그 소비형태를 조사했다고 합시다. 당신이 내심 생각했던 가설은 그들의 소득 수준에 따라 식비, 교통비, 여가 선용비 등의 비중이 달라질 거라는 것이었습니다. 그러나 실제 결과를 보니 소득 수준에 따른 비용의 차이가 별로 나타나질 않습니다. 이미 끝난 조사고 비용도 들어갔으며 가설은 틀렸다고 결론이 났습니다. 그렇다면 논문에 그렇게 쓰면 될 터입니다. 그런데 속이 쓰립니다. 이제 당신은 기존 데이터를 가지고 이리저리 맞춰봅니다. 혹시 서울의 강북지역과 강남지역은 다르지 않을까? 지방과 수도권은 다르지 않을까, 계절별 차이는 없을까, 요일별 차이는 있지 않을까? 이렇게 맞추다 보면 무언가 하나는 연관관계가 있는 것처럼 보이는 통계가 나오기 마련입니다. 이를 p값 사냥이라고 합니다.

하지만 이는 대단히 나쁜 행위입니다. 만약 계절별 차이가 나타났다고 해 봅시다. 하지만 구체적으로 들어가면 계절별 차이가 도시와 농촌 사이에서 다르게 나타나거나 소득 수준에 따라 다르게 나타날 수도 있습니다. 혹은 당신이 애초에 조사를 설계할 때 계절별 차이를 염두에 두지 않았기 때문에 영향을 줄 수 있는 요인을 놓쳤을 가능성도 매우 높습니다. 그럼에도 불구하고 뭔가 의미 있는 논문으로 발표할 수 있는 결과를 얻었기에 나머지를 무시해 버리는 것입니다. 이런 행위는 당연히 연구윤리에도 어긋나고 실제 사실과도 괴리될 가능성이 아주 높습니다.

이런 일을 자신의 제자들에게 하라고 한 것이니 이를 본 연구자들이 그를 의심하기 시작한 것은 당연한 일입니다. 자신이 그런 식으로 데이터를 마사지 했으니 그런 행위를 아무 생각 없이 권할 수 있다는 거지요. 그래서 완싱크의 기존 연구를 다시 분석했고 42편의 논문에서 크고 작은 오류가 발견되었습니다. 그 결과 그는 코넬대학교에서 사임되었고, 그의 논문 13편이 철회되었습니다.[43] 수정된 논문은 훨씬 더 많지요. 연구자로서의 그는 이제 사망한 것이나 다름없게 되었습니다.

문제는 그의 논문 결과들이 무려 3,700번이나 인용되었다는 것입니다. 3,700개의 논문이 그로 인해 신뢰성에 문제가 생긴 것이지요. 이 논문을 작성했던 사람들은 그가 발표한 논문의 내용을 신뢰하고 그에 기반하여 자신의 연구를 시행했을 것입니다. 이쯤 되면 대형사고도 이런 대형사고가 없는 것이지요. 최소한 1,000명 이상의 연구자들이 피해를 입었습니다. 그리고 이런 논문의 대부분은 조사나 실험을 통해서 이루어지게 되는데 그 과정을 같이 한 연구자들은 또 얼마나 되겠습니까? 전 세계 곳곳의 대학과 연구소에서 곡소리가 들립니다.

마시멜로 실험은 제대로 통제되지 못한 실험에 의한 사실 왜곡을, 그리고 완싱크의 실험에서는 데이터 조작이라는 실험 과정의 어두운 부분을 보게 됩니다. 물론 데이터 자체를 왜곡한 완싱크보다야 마시멜로 실험이 그나마 조금 낫다고 볼 수도 있지만 더 중요한 것은 '어떻게 데이터를 얻을 것이냐' 입니다. 실험을 설계할 때 과학자들은 자신이 원하는 가설을 입증하길 원합니다. 하지만 그런 결론을 얻기 위해 왜곡된 실험 설계를 하면 데이터를 조작하지 않더라도 이미 그 실험은 잘못된 결론을 낳을 수밖에 없습니다. 그래서 과학자들이 동료의 논문을 볼 때 가장 먼저 관심을 가지는 것이 실험 설계를 제대로 했는지, 변인 통제는 제대로 했는지 등의 주요 사항입니다.

마시멜로 실험은 연구자가 의도했든 의도하지 않았든, 이미 최초 설계가 잘못되었기 때문에 균형을 잃어버렸지요. 완싱크는 자신의 의도와 다른 결과를 '마사지'하기까지 했고요. 물론 이런 왜곡은 언젠가 폭로가 되기 마련이지만, 그 기간 동안 다른 연구자들이 상실하게 되는 노력과 시간에 대해서는 어찌 해야 할까요? 사회적으로도 왜곡된 사실이 전파됨으로써 개인과 사회가 입는 손실은 어떻게 해야 할까요? 과학자들을 비롯한 다양한 학계의 연구자들이 자신의 욕망을 실현하기에 앞서, 보다 엄밀한 실험 설계와 데이터 분석을 해야 하는 이유입니다. 물론 동료 연구자들의 동료 평가가 엄정해야 하는 이유이기도 하고요.

과학이라는 헛소리

훔치기와 뻥치기

다른 사람의 연구 성과를 훔쳐 자신의 공로인 양 내세우는 것만큼 최악의 행위가 또 있을까요? 대표적인 사례가 바로 왓슨James Watson과 크릭Francis Crick입니다. 여러분들이 잘 아는, 유전자의 실체는 염색체이고 염색체는 DNA의 이중 나선구조로 되어 있다는 것을 최초로 밝힌 이들이지요. 그 공로로 노벨상을 공동으로 수상하기도 했습니다.

그런데 이들이 DNA의 나선구조를 밝혀내는 데 핵심적인 역할을 한 것이 있습니다. 바로 〈사진 51〉로 명명된 X선 회절 사진지요. 이 사진을 찍은 이는 로절린드 프랭클린Rosalind Franklin

이라는 생물물리학자입니다. 그런데 이 이름은 대중에게는 낯선 이름이지요. 왓슨과 클릭이 프랭클린의 공을 완전히 무시한 덕분입니다.

1950년대 초, DNA의 구조가 어찌 되는지를 연구하는 팀들이 여럿 있었습니다. 일종의 경주였지요. 이를 맨 처음 제대로 밝힌 팀만이 모든 영광을 얻을 수 있던 승자독식 게임이었습니다. 킹스칼리지런던King's College London의 존 랜달 연구소에서 근무하던 프랭클린은 X선 결정학에서 대단한 실력을 갖춘 연구원이었습니다. 그와 모리스 윌킨스Maurice Wilkins라는 동료는(윌킨스는 프랭클린의 상사이기는 했지만 서로 독자적으로 연구하는 경쟁자였지요) X선을 통해 DNA 구조를 규명하려는 연구를 하고 있었습니다. 그리고 프랭클린은 DNA 구조를 밝히는 데 결정적 역할을 할 〈사진 51〉을 찍습니다. 이어 이를 통해 제출할 논문을 작성했지요.

논문을 발표하기 전에 윌킨스와 레이모든 고슬링(크릭의 동료)은 이 사진과 프랭클린의 논문을 왓슨에게 보여줍니다. 크릭과 왓슨은 사진의 모습을 보고 DNA 구조가 나선모양을 띠고 있다는 것, 두 가닥이 서로 감싸는 이중 구조라는 것, 그리고 인산염이 바깥에 달려있다는 것을 확신할 수 있었습니다. 그리고 사진을 통해 분자 사이의 거리를 계산할 수 있었는데, 이는 DNA 모형을 제작하는 데 있어 결정적이며 중요한 정보였지요.[44]

그런데 문제는 이들이 이 사진과 논문을 프랭클린에게는 한마디 언급도 없이 가져왔다는 것입니다. 한마디로 도둑질을 한 것이지요. 논문을 발표할 때도 로절린드 프랭클린에 대한 이야기는 단 한마디도 언급이 없었습니다. 세월이 지나 이러한 사실이 밝혀지고 비난이 일자, 이들은 어쩔 수 없이 로절린드에 대한 몇 가지 이야기를 합니다.

문제의식이 별로 없이 남의 성과를 훔친 예는 또 있습니다. 매리 애닝Mary Anning이라는 여성이 있었습니다. 애닝은 가난한 집에서 자랐고, 배움도 짧았습니다. 일생을 통해 배운 일은 아버지를 뒤이어 주변 백악 절벽에서 화석을 찾는 일이었습니다. 그리고 이를 수집가들에게 팔곤 했습니다. 그러나 애닝은 (아마도 화석을 제대로 찾기 위해서였겠지만) 화석에 대해 혼자 공부를 합니다. 이를 통해 높은 수준의 지적 역량을 갖추게 되었고, 중요한 화석들을 찾아내게 됩니다. 애닝만이 할 수 있는 일이었지요. 그녀는 최초로 어룡Ichthyosaurus의 골격을 발견하고 정립했으며, 익룡Pterosaurs 화석과 두족류인 벨렘나이트belemnite 화석도 발견합니다. 발견만 한 것이 아닙니다. 헨리 드라베시, 토머스 호킨스, 루이스 아가시즈, 로데릭 머치슨, 기던 멘텔 등 당대의 유명한 지질학자와 고생물학자들이 그녀를 찾아와 공동으로 화석에 대한 연구를 했지요.

그러나 그녀는 당시 남성 중심의 사회에서 배척당합니다. 런던 지질학회는 그녀의 학회 가입을 거절했습니다. 그녀는 한 편지에서 이렇게 이야기합니다. '세상은 제게 너무나 불친절합니다. 저는 그 때문에 모두에게 의심스러운 사람으로 여겨지고 있지요.' 메리 애닝이 찾은 화석으로 논문을 발표한 지질학자와 고생물학자들은 애써 그를 무시합니다. 여성인 그녀가 노동계급인 데다 비국교도였기 때문이지요.

지금이라고 예외는 아닙니다. 요사이 논문은 혼자 쓰는 경우가 많이 없습니다. 연구실에서 팀으로 일을 하다 보니 더 그렇지요. 그래서 논문에는 교신저자, 제1저자 등으로 누가 얼마나 많은 기여를 했고, 핵심적인 아이디어를 제공한 사람이 누구인지를 명기하도록 하고 있습니다. 그런데 여기서도 일종의 도둑질이 일어납니다. 보통 연구실에는 책임자가 있고(대학이라면 지도교수가 되겠지요) 그 아래에는 박사 후 연구원이나 박사과정 연구원, 혹은 석사과정을 밟고 있는 연구원이 있습니다. 그런데 지도교수가 자신은 별 기여를 하지도 않은 채 교신저자나 제1저자가 되는 경우가 꽤 있었고, 이것이 문제가 되었습니다. 수없이 많은 밤을 새워가며 만든 연구 성과를 지도교수나 다른 이들에게 빼앗기는 거지요. 도둑질과도 같은 겁니다. 물론 많은 경우 직접 연구를 주도한 이가 제1저자가 됩니다만, 이런 '논문 도둑질'들은 과학계에 대한 불신의 싹을 키우는 원인이 되기도 합니다. 아래의 글은 실제 『동아사이언스』에 기고된 글 중 일부입니다.

"4년에 걸쳐 논문 세 편을 썼다. 교수는 믿음직한 얼굴로 '저널에 출판해 주겠다'고 했다. 논문 하나는 반토막이 났다. 교수의 제자가 공동 제1저자로 들어왔다. 논문 하나는 고스란히 뺏겼다. 교수의 친구가 제1저자를 꿰찼다. 논문 하나는 산산조각이 났다. 교수가 데이터를 쪼개 여러 논문에 흩뿌렸다."[45]

또 하나의 문제는 연구에 어떤 기여도 하지 않은 이들을 '공동저자'로 올리는 것입니다. 흔히 관행이라고 하지요. 대표적인 예가 앞서 짚어봤던 황우석 박사의 논문입니다. 황우석 박사는 거짓으로 점철된 논문을 발표하면서 평소 자기가 신세를 졌던, 혹은 인맥으로 관리를 해야 한다고 생각하던 이들을 '공동저자'로 올려 줍니다. 공동저자로 논문에 이름이 올라간 이들은 그 당시에는 아무런 이야기도 하지 않다가 문제가 불거지자 자신은 '연구'에 참여하지 않았고 이름만 올렸다고 했지요. 이와 관련하여 『주간경향』의 기사에서 서울대 박사과정의 한 사람이 익명으로 인터뷰를 한 내용입니다.

"사실 읽어보지도 못한 논문에 내 이름이 실린 경우가 있었다. 지도교수나 동료들이 나를 배려한 것이다. 내 논문에 다른 동료의 이름을 올리기도 했다. 그들에 대한 배려로 생각했기 때문이다. 이름이 올라가면 실적 점수가 나오는 상황에서 어쩔 수 없는 측면이 있다. 이름을 올리겠다는데 그것을 거부하면 이상한 사람으로 낙인 찍혀 왕따를 당할 것이다. 학계에서는 관행이라고 말하지만 사실은 일종의 범죄행위다. 이름이 올라 이득을 얻었다면 문제가 됐을 때도 책임을 져야 한다. 앞으로 학계의 무분별한 '공저자 올리기' 관행은 철저하게 반성해야 한다."[46]

이런 '논문 훔치기'와 '논문 품앗이' 외에 또 하나 문제가 되는 것이 바로 '허접한 논문'입니다. 우리나라 대학이 교수를 평가하는 기준 중 하나가 논문 실적이기 때문에 더 불거지는 문제기도 하지요. 다른 모든 분야와 마찬가지로 과학 연구에도 비용이 들어갑니다. 그 비용 중 대부분은 연구자가 정부나 민간 기업의 연구 프로젝트를 수주 받아 하는 경우인데, 기초 연구의 경우 이런 연구 프로젝트를 수주 받기 쉽지 않지요. 이런 사정을 아는 정부와 대학 혹은 연구소에서는 기초 연구에 대해서도 예산을 배정합니다.

그러나 수요는 많고 공급은 적으니 누구에게 얼마나 줄지를 판단해야 합니다. 필연적으로 어느 연구자가 열심히 연구해서 좋은 성과를 내었는지를 파악해야 하는 것이죠. 그러나 판단을 위해선 객관적인 자료가 요구됩니다. 객관적인 자료는 대부분 질적인 측면보다는 양적인 측면을 따지기 십상입니다. 연구에서는 주로 논문의 편수가 그 근거가 될 수밖에 없습니다. 하지만 논문 편수가 많다고 해서 연구 성과가 좋은 것은 아닐 수도 있지요. 정책 담당자들도 그걸 모르는 것이 아닙니다. 그래서 일정한 수준의 논문만을 근거로 삼으려고 합니다. 하지만 논문의 질적 수준을 담당자가 주관적으로 판단할 수는 없습니다.

그래서 SCI라는 것이 등장합니다. SCI는 'Science citation index' 즉 '과학기술논문색인지수'입니다. 미국의 클래리베이트 애널리틱스Clarivate Analytics가 구축한 국제학술논문 데이터베이스지요. 애널리틱스사는 매년 학술적 기여도가 높은 학술지를 선정하고, 그 학술지에 수록된 논문의 색인 및 인용정보를 데이터베이스로 만들어 제공하고 있습니다. 논문의 질적 수준을 담보한다고 여겨지는 학술지만 선별하여 그곳에서 출판된 것들만 선정하는 것입니다.

또 피인용지수 혹은 임팩트 팩터impact factor라는 것도 도입됩니다. 아무래도 좋은 논문은 동료 과학자들이 자신의 연구에 참고를 하게 되고, 그 결과 자신들의 논문에 그 논문을 인용했다고 적시하게 됩니다. 좋은 논문은 따라서 인용된 횟수가 많아집니다. 또 그런 좋은 논문이 실린 학술지는 좋은 평가를 받게 됩니다. 피인용지수는 바로 이를 이용한 것입니다. 이는 유진 가필드Eugene Garfield가 1955년에 고안한 것으로 현재는 톰슨 로이터의 인용 문헌 데이터베이스Web of Science에 수록되는 데이터를 바탕으로 매년 산출하고 있습니다. 임팩트 팩터가 높은 학술지는 높은 가치를 인정받는 것이지요.

세 번째로는 논문의 피인용수입니다. 피인용지수가 학술지에 대한 평가라면 피인용수는 개별 논문에 대한 것입니다. 즉 각 논문이 얼마나 관련 전문 연구자에 의해 많이 인용되었는가를 보는 것이지요.

이렇게 질적 수준과 양 모두를 합하여 연구자에 대한 평가가 내려집니다. 따라서 연구자들도 이를 신경 쓰지 않을 수 없습니다. 그러나 불만이 없을 수도 없습니다. 우선 학문 분야에 따라 논문의 게재 편수가 들쑥날쑥합니다. 어떤 분야는 1년에 한 편 쓰기도 어려운데, 또 다른 분야는 1년에 서너 편씩 내는 일이 보통인 경우도 있지요. 또 SCI에 속하는 학술지도 학문 분야에 따라 그 수가 다르고, 논문 게재의 엄밀함도 다를 수 있습니다. 거기에 해당 분야를 연구하는 과학자가 적은 경우에는 아무래도 논문 인용 횟수가 적을 수밖에 없습니다. 피인용지수나 피인용수가 떨어지는 것이지요. 물론 모두를 만족하는 평가 시스템이란 없는 법이지만 이는 최대한 공정성을 담보하도록 고민해야 하는 이유이며 동시에 현재의 과학자들이 여러모로 불만을 가질 수밖에 없는 이유입니다.

그리고 과학자들 중에도 당연히 이런 허점을 자신에 유리하게 이용하는 이들이 있습니다. 한 번에 낼 논문을 쪼개서 여러 편으로 내는 일도 드물지 않고, 잘 아는 동료들끼리 서로 인용횟수를 늘려 주는 품앗이를 하기도 합니다. 앞서 이야기한 것처럼 논문에 어떤 기여도 하지 않았는데 서로 논문에 이름을 올려 주는 품앗이를 하기도 합니다. 물론 잘못된 관행이지요. 그러나 이런 관행을 무시하는 건 신참 연구자에겐 대단히 힘든 일이기도 합니다. 학계와 대학 내에서 따돌림을 당할 수도 있는 일이니까요.

또 다른 방법도 동원됩니다. 보통의 학술지는 논문을 투고하면 동료 연구자들에게 리뷰를 부탁합니다. 리뷰 과정에서 동료 과학자들은 보완을 요청하기도 하고, 심하면 논문이 근거가 부족하거나, 실험 방법이 잘못되었다는 등의 이유로 게재가 부적당하다는 판단을 하기도 합니다. 이런 과정은 1년 가까이 걸리기도 하지요. 나름대로 권위 있는 학술지들은 모두 이런 논문 심사 과정을 마친 논문만 게재를 허락합니다. 리뷰를 하는 연구자들도 나름 성실하게 논문을 대합니다.

그러나 논문 실적에 눈이 먼 일부 과학자들은 꼼수를 씁니다. 그리고 이런 꼼수가 허락되는 학술지들이 있지요. 학회와 학술지를 대충 만들어 광고를 합니다. 권위도 무엇도 없는 곳이지요. 이런 곳에 투고를 하면 아주 형식적으로 심사를 한 뒤 논문을 대충 실어줍니다. 2018년 가짜 학회 사건으로 유명한 와셋WASET 사태가 대표적인 예이지요.

또 다르게는 중복 게재와 논문 쪼개기가 있습니다. 모두 논문의 수를 늘려 업적을 부풀리는 데 사용되지요. 중복 게재는 이미 어떤 학술지에 게재한 연구를 조금 가공하여 다른 학술지에 또다시 발표하는 행위입니다. 물론 이때 이전에 게재했다는 사실을 밝히지 않는 것이지요. 자기 표절이라고도 합니다. 학술지에 논문을 발표하는 경우 자신이 쓴 것이라고 하더라도 이전 논문을 인용할 경우 인용 사실을 적시하는 것은 아주 당연하고도 필수적인 일입니다. 그렇기에 이런 경우들은 자기 표절이라 불리는 것이지요.

한편 하나의 연구 과정에서 나온 결과는 보통 하나의 논문으로 발표하는 것이 당연한데 이를 몇 개로 나눠서 발표하는 것을 논문 쪼개기salami slicing라고 합니다. 중복 게재나 논문 쪼개기는 당연히 연구윤리에도 어긋나는 행위이고, 엄격한 제재를 가해야 하는 것이 맞습니다. 그러나 이를 파악할 수 있는 것은 해당 분야의 전문가들뿐이지요. 그러나 좁은 학계의 울타리에서 이들은 서로 안면이 있고 여러모로 관계가 있을 수밖에 없습니다. 타인의 논문을 표절한다든가 데이터를 조작하는 정도의 문제에 대해서는 엄격하더라도 이런 자기 표절 문제에 대해서는 '관행'이라는 식으로 묻어버리는 경우가 있다는 것이지요.

이는 윤리의 문제이면서 동시에 '유사과학'의 문제이기도 합니다. 과학자는 자신의 논문에 대해 '과학적'으로 책임을 지는 사람입니다. 기존 논문을 표절하고, 데이터를 훔치고, 조작하는 것도 그렇고, 자신이 직접 만든 데이터에 대한 엄밀한 고민 없이 대충 여러 편의 논문으로 쪼개 출판하는 것도 그렇습니다. 이 모든 행위는 질의 높낮이를 떠나 단편적인 결론만을 제기하는, 즉 유사과학을 양산하는 문제로 이어질 수 있습니다.

물론 이런 문제가 과학의 영역에만 국한되는 것은 아닙니다. 어느 직업이든 보편적인 윤리와 직업 특유의 윤리가 있습니다. 그런데 윤리의 문제는 단순히 집단에 속한 개인의 문제만은 아닙니다. 역사적으로 볼 때 어떤 집단이든 모든 구성원이 높은 윤리의식을 가지고 있지는 않습니다. 항상 문제가 터지지요. 그러나 그 비율을 보면 윤리적 문제에 대한 구조적 대책을 세우고 실행하는 곳과 그렇지 못한 곳이 확연한 차이를 보입니다.

따라서 과학계의 윤리 문제를 이야기할 때도 과학자 개인의 문제를 넘어, 우리나라 과학계 전체의 구조적 문제를 따지는 것이 오히려 문제 해결의 더 좋은 방법이 될 것입니다. 물론 연구윤리를 위반한 연구자에 대한 엄격한 제재가 필요한 것은 너무나 당연하고요.

닫는 글

긴 여행이 끝났습니다.

이번 여행의 시작에서 우리는 현대 사회의 욕망을 적나라하게 드러내는 다이어트 산업에서의 유사과학을 살펴보았고, 곧 일상 속에서 자주 접하는, 그러나 잘 드러나지 않는 유사과학을 살펴보았지요. 한의학과 GMO, 친환경 농산물과 비료, 농약, 그리고 천연섬유의 문제였습니다.

발걸음을 옮겨선 다름이 틀림이 되어버리는 정상과 비정상, 장애의 유사과학을 보고, 다시 그 배후의 지배를 위한 유사과학을 향했습니다. 혐오와 배제는 과학의 문제만은 아닌 것이 분명

합니다. 그럼에도 혐오와 배제에 과학적인 배경이 없다는 것이 널리 알려져 조만간 오래된 그리고 잘못된 고정관념과 거짓 뉴스를 밝혀낼 수 있기를 바랍니다.

그리곤 다시 과학자 사회의 내부를 살펴보기도 했습니다. 과학자 개인의 욕망과 사회의 욕망이 과학에 투영되는 부분도 확인했습니다. 과학자 스스로 과학 윤리를 어기며 욕망을 추구하던 추악한 모습, 잘못된 정치에 굴복하고 야합하는 모습들을 돌아봅니다. 과학자를 꿈꾸는 이들과 현재 과학을 하는 모든 이들에게 자그마한 타산지석이라도 되었으면 하는 마음입니다.

다시금 이 여행을 되돌아보면 결국 개인의 무지가 유사과학을 만드는 것이 아니라 '욕망'이 유사과학을 만든다는 사실을 확인합니다. 지배자들의 통치 욕망, 다수의 소수에 대한 배제의 욕망, 그리고 기업의 이윤을 향한 욕망, 그리고 현대 사회를 살아가는 우리 스스로의 욕망 등이 유사과학이 나오는 출구였지요.

이런 욕망들이 만들어 낸 유사과학은 대단히 정교하고 논리적이며 데이터 중심적으로 보입니다. 그러나 자세히 살펴보면 여기저기 뚫린 구멍들이 있게 마련이지요. 애초에 사실과 거리가 먼, 자신의 욕망을 통해 만든 논리이기 때문입니다.

그래서 다시금 우리에게 '비판적 고찰'과 '합리적 의심'이 필요하다는 사실을 깨닫게 됩니다. 내 자신이 속지 않기 위해서이기도 하고, 시민적 권리를 제대로 행사하기 위해서이기도 하며, 좀 더 나은 사회를 위해서이기도 합니다.

과학 역시 사람이 하는 일이기에, 사람이 사는 사회와 곳곳에서 과학과 마주치는 일은 어쩌면 아주 당연한 일일 것입니다. 그러나 우리의 무의식에서 과학은 해자로 둘러싸인 성처럼 사회에서 고립된 채 실험실이나 연구실에서만 마주칠 수 있다는 생각들이 대부분이지요. 그러나 현대라서가 아니라, 과학은 생겨난 이래로 줄곧 사회의 곳곳에서 여러 영향을 끼치고 받아왔습니다.

이 부딪힘의 장면들을 정확히 바라보는 것은 과학자뿐만 아니라 이전부터 우리 모두에게 대단히 중요한 일이었습니다. 이 여정을 함께해 주신 모든 분들께 감사드리며. 브레히트의 시 구절 하나와 함께 마무리 짓겠습니다.

의심이여, 찬양받으라! 당신들에게 충고하노니
당신의 말을 부정하고 시험하는 이를
존경을 담아 즐겁게 반기어라
당신이 지혜로워 당신의 말에
지나친 확신을 갖지 않기를 기원한다

역사를 읽고 무적의 군대가

정신없이 도망치는 것을 보아라

당신이 그 어디를 보든지

불굴의 요새는 적의 손에 떨어졌으며

제 아무리 무적함대라 하더라도

항구를 떠날 때는 수없이 많던 배가

돌아올 때 몇 척 되지 않았다

그렇기에 한 사람이 올라설 수 없는 봉우리에 오르고

한 배가 끝없는 바다의

모퉁이에도 도달할 수 있었던 것이다

불변의 진실 앞에서

고개를 젓는 것은 아름다워라!

고칠 수 없는 환자에게

의사의 처방은 용감하여라!

May the scientific scepticism be with you!

참고 서적

『4차 산업혁명이 막막한 당신에게』, 박재용, 뿌리와이파리
『과학의 사기꾼』, 하인리히 창클, 김현정, 시아출판사
『과학자는 전쟁에서 무엇을 했나』, 마스카와 도시히데, 김범수, 동아시아
『나의 첫 번째 과학 공부』, 박재용, 행성B
『뉴로트라이브』, 스티브 실버만, 강병철, 알마
『독일 국방군』, 볼프람 베테, 김승렬, 미지북스
『서민 교수의 의학 세계사』, 서민, 생각정원
『세상을 바꾼 과학논쟁』, 강윤재, 궁리
『소리가 보이는 사람들』, 제이미 워드, 김성훈, 흐름출판
『심리학의 오해』, 키이스 스타노비치, 신현정, 혜안
『어른이 되면』, 장혜영, 우드스톡
『의료인문학과 의학 교육』, 앨런 블리클리, 김준혁, 학이시습
『이것은 과학이 아니다』, 마시모 피글리우치, 노태복, 부키
『인간에 대한 오해』, 스티븐 제이 굴드, 김동광, 사회평론
『정상과 비정상의 과학』, 조던 스몰러, 오공훈, 시공사
『정신병을 만드는 사람들』, 앨런 프랜시스, 김명남, 사이언스북스
『정신의학의 역사』, 에드워드 쇼터, 최보문, 바다출판사
『정신의학의 탄생』, 하지현, 해냄

과학이라는 헛소리

Endnotes

1) 〈일반인용 식욕억제제 안전복용 가이드〉, 식품의약품안전처

2) "비만치료제 제니칼, 어떻게 처방할 것인가", 청년의사, 2001년 9월 10일

3) "한국인은 과체중이 사망률 가장 낮아", 동아일보, 2011년 3월 4일

4) "약간 뚱뚱해야 오래 산다?", 동아일보, 2013년 1월 3일

5) "Arzneimittel: Gentechnische Herstellung ist selbstverständlich", transGEN, 2019년 7월 8일

6) 「유전자변형콩 어디에 얼마나 이용되고 있을까」, BioSafety, vol. 13 no. 1, 2012

7) 「유전자변형 작물의 수입 현황과 과제」, 한국농촌경제연구원, KREI 농정포커스, 제61호

8) "GMO작물, 살충제 사용 줄었지만 제초제 사용은 늘어", 사이언스온, 2016년 9월 30일

9) 해충저항성 유전공학 작물은 식물역병으로 인한 작물 손실을 줄여주었다. 그렇지만 위원회는 유전공학 작물이 도입되기 이전 수십 년과 도입 이후 미국에서 나타난 콩, 면화, 옥수수 생산량의 전반적인 증가율에 관한 데이터를 검토했는데, 거기에 유전공학 작물이 생산량의 증가율에 변화를 주었다는 증거는 없었다.
(원문: NAS 언론브리핑 자료, 번역문: 한겨레 사이언스온)

10) "죽음의 바다 급증…화학비료가 주범", 사이언스타임즈, 2010년 10월 12일

11) 〈잔류물질정보 잔류농약 안전관리〉, 식품의약품안전처

12) 「국내 유통 다소비 농산물의 잔류농약 모니터링 및 노출 평가」, 부산식품의약품안전청 유해물질 분석팀 & 식품의약품안전청 식품안전평가원 잔류물질과, 농약과학회지, 제19권 제1호, 2015

13) "살충제 계란 파동, 유럽서 한국까지 16일간 무슨 일이?", 정리뉴스, 2017년 8월 16일

14) "살충제의 역습…인류를 위협하다", 매일경제, 2017년 8월 25일

15) 「골프장 운영 시 생태계에 미치는 영향 분석」, 한국환경정책평가연구원, 2003

16) 〈친환경 농산물 생산 우수사례〉, 농촌진흥청

17) "친환경 유기농의 역설", 사이언스타임즈, 2010년 9월 9일

18) 「Livestock and Poultry: World Markets and Trade」, United States Department of Agriculture Foreign Agricultural Service, April 9 2019

19) 〈세계 면화 생산 및 수출입 현황과 가격변화〉, 한국섬유산업연합회

20) 「Primary Microplastics in the Oceans: a Global Evaluation of Sources」, International Union for Conservation of Nature, 2017

21) "옷 한 벌 만드는 데 고작 1주일…환경 파괴 부른다", 연합뉴스, 2017년 9월 9일

22) "This Woman Sees 100 Times More Colors Than The Average Person", Popular Science, October 13 2014

23) "공감각의 수수께끼를 풀다", 사이언스타임즈, 2018년 3월 6일

24) 『소리가 보이는 사람들』, 제이미 워드, 김성훈, 흐름출판

25) "Why It Pays to Taste Words and Hear Colors" Charles", Live Science, November 22 2011

26) 〈색각 이상자(색맹,색약)의 고용 등에 대한 차별 연구〉, 국가인권위원회

27) "색맹 · 색약 이용자 위해 지하철 노선도 다시 그렸어요.", 블로터, 2015년 4월 13일

28) There is no sound scientific evidence that innate sexual orientation can be changed. Furthermore, so-called treatments of homosexuality can create a setting in which prejudice and discrimination flourish, and they can be potentially harmful (Rao and Jacob 2012). The provision of any intervention purporting to "treat" something that is not a disorder is wholly unethical.

(원문: Wpanet.Orag, 번역문: 국제인권소식)

29) 『호모포비아』, 악셀 호네트, 연구모임 사회비판과대안, 사월의책, 45pg

30) "우울증, 조울증 등 5대 정신질환 5년간 750만 명, 국가적 대책마련 시급", 브릿지경제, 2018년 10월 14일

31) "정신질환자 강력범죄율 일반인 10배? 일반인 절반도 안돼", 동아닷컴, 2017년 4월 5일

32) "정신의학의 정치학, 정상과 비정상은 누가 판단하나", 미디어오늘, 2016년 5월 31일

33) 『정신병을 만드는 사람들』, 앨런 프랜시스, 사이언스북스, 김명남, 서문 발췌

34) "전세계 등교거부 이끈 16살 소녀, 자폐증 때문에 가능했다", 중앙일보, 2019년 5월 29일

35) "Did Sir Cyril Burt Fake His Research on Heritability of Intelligence?", The Phi Delta Kappan, Technology and Education, Vol. 58, No. 6, 1977

36) 『인간에 대한 오해』, 스티븐 제이 굴드, 김동광, 사회평론

37) "STAP 세포 논란 종결", BRIC, 2015년 9월 24일

38) "Wanted: Lawyer to take case of Ohio cancer researcher with retraction-rich CV", Retracion Watch, September 24 2019

39) "스프링거, 중국 저자 논문 107편 무더기 게재 취소 발표", Editage Insights, 2017년 5월 10일

40) "Revisiting the Marshmallow Test: A Conceptual Replication Investigating Links Between Early Delay of Gratification and Later Outcomes", SAGE journals, May 25 2018

41) "마시멜로 효과...우리가 잘 몰랐던 후속 실험들", 사이언스온, 2014년 4월 8일

42) "심리학 다이어트의 사기극", 전자신문, 2018년 11월 12일

43) 〈Brian Wansink〉, https://en.wikipedia.org/wiki/Brian_Wansink

44) 〈Photo 51〉, https://www.pbs.org/wgbh/nova/photo51/pict-01.html

45) "논문에서…내 이름이 사라졌다", 동아사이언스, 2015년 9월 24일

46) "그 많은 공동저자들은 뭘 했을까", 주간경향, 2006년 1월 17일

과학이라는 헛소리 2

세상을 흘린 사기극, 유사과학

초판 1쇄 인쇄   2019년 9월 25일
초판 2쇄 발행   2022년 5월 13일

지은이   박재용
펴낸곳   (주)엠아이디미디어
펴낸이   최종현
기획   김동출 최종현
편집   최종현 이휘주
교정   김한나
디자인   이창욱

주소   서울특별시 마포구 신촌로 162 1202호
전화   (02) 704-3448   **팩스**   (02) 6351-3448
이메일   mid@bookmid.com   **홈페이지**   www.bookmid.com
등록   제2011 - 000250호
ISBN   979-11-90116-11-4 (03400)